# BIBLIOTHÈQUE

## USUELLE

## DES VILLES & DES CAMPAGNES

PAR

## GILLET-DAMITTE

*Ancien Inspecteur de l'Instruction primaire, Breveté pour l'Instruction primaire élémentaire, supérieure et secondaire; Lauréat de la Société pour l'Instruction primaire et de l'Athénée de Paris; Membre correspondant de la Société d'Archéologie d'Eure-et-Loir, de la Société Académique d'Orléans; Officier de l'Instruction publique; Chevalier de l'Ordre impérial du Lion et du Soleil, de la Perse.*

Les ouvrages les plus courts
Sont toujours les meilleurs.

(LAFONTAINE.)

## L'ART

## DES FEUX D'ARTIFICE

OU

## PYROTECHNIE.

Prix : 30 cent.; avec planches, 35 cent.

*12364*

PARIS,
LIBRAIRIE DE Ch. BLÉRIOT, ÉDITEUR,
55, Quai des Grands-Augustins, 55.

Pour contribuer, par nos efforts, aux bienfaits de l'Enseignement élémentaire, nous avons composé la *Bibliothèque usuelle de l'Instruction primaire*. Favorisé dans cette œuvre par le concours d'un homme connu par son dévouement à l'Instruction publique autant que par son mérite comme éditeur, et par son talent comme typographe [1], nous avons eu le bonheur de surmonter les difficultés multipliées que présentait cette tâche dans la rédaction et dans la disposition typographique des vingt-cinq volumes de cette utile collection. MM. les Instituteurs et les pères de famille ont accueilli avec une bienveillance marquée dont nous les remercions, ces modestes travaux.

Excité par ce succès, nous avons entrepris la publication de la *Bibliothèque usuelle des Villes et des Campagnes*. Propager dans la société par des ouvrages à bon marché, et résumant, d'une manière claire, les notions indispensables qui se rapportent à l'agriculture, au commerce, aux arts professionnels, à l'économie rurale, au jardinage, aux métiers, à l'économie domestique, à l'élève des animaux utiles, à tout ce qui tient au bien-être, au profit ou à l'agrément des personnes de la ville et des campagnes; fournir à tous, dans un cadre resserré, des précis méthodiques où chacun puisse trouver, relire ou apprendre, sans dépense d'argent et sans l'emploi d'un temps considérable, les détails relatifs à ses travaux, à ses goûts ou à son ménage, comme propriétaire, ouvrier, comme père ou mère de famille; contribuer enfin, quoique d'une manière modeste, à la prospérité de la patrie en éclairant le travail, en facilitant l'utile emploi du temps: tel est le but que nous avons cherché à atteindre en publiant la *Bibliothèque usuelle des Villes et des Campagnes*.

Puisse le public encourager aussi ces nouveaux travaux que nous lui offrons.

Chez tous les peuples et dans tous les temps, les réjouissances publiques se sont célébrées par des *feux de joie* qui, par la suite, sont devenus des *feux d'artifice*. L'art qui les prépare est la Pyrotechnie.

Dans les fêtes nationales ou religieuses, à la fête de l'Empereur, aux fêtes communales et des Comices, aux réunions de châteaux et des maisons de campagnes, il n'est pas d'allégresse complète si un feu d'artifice ne couronne la journée et n'enchante les assistants; mais souvent, les dépenses qu'entraîne l'acquisition des produits vendus par les artificiers font supprimer cette partie du programme. Avec ce volume, tout amateur pourra, nous l'affirmons, faire à bon marché des feux d'artifice et bien mériter de tous ses concitoyens et de tous ses amis.

Ayant vécu plus de quinze ans en contact avec des Orientaux, avec des Persans surtout, amateurs enthousiastes de pyrotechnie, nous avons pu nous procurer plusieurs de leurs feux magiques que nous ajoutons aux recettes des feux français.

**GILLET-DAMITTE.**

[1] M. J. Delalain, Chevalier de la Légion-d'Honneur, Officier de l'Académie de Paris, etc.

# L'ART DES FEUX D'ARTIFICE

ou

# PYROTECHNIE.

## Introduction.

La *pyrotechnie*[1], ou l'art de faire les feux d'artifice, procure à la campagne une récréation des plus charmantes. A cause des frais de main d'œuvre, à cause aussi des avaries qui surviennent aux pièces fabriquées et occasionne des pertes, tout ce que fournit l'artificier est d'un prix assez élevé. Avec un outillage très-facile à préparer soi-même si l'on a un tour ou peu dispendieux à acheter et quelques matières premières, on peut fabriquer très-facilement et à bon marché tout ce qui entre dans la composition d'un feu d'artifice.

---

Du Magasin. — Il est presque indispensable, quand on veut fabriquer de l'artifice, d'avoir pour magasin, une pièce planchéiée et située autant que possible au nord, éloignée des endroits où l'on fait du feu. On n'y doit jamais fumer, et c'est une obligation sérieuse à s'imposer de n'y pénétrer, sous quelque prétexte que ce soit, avec une lampe ou un flambeau allumé. Le mobilier du magasin d'un amateur se compose principalement : 1o de deux tables, l'une d'environ 1m,25 de long sur 0m,66 de large, et de 0m,02 d'épaisseur, supportée par quatre pieds solides de 1m de hauteur pour rouler les cartouches ; l'autre, de 1m carré et de 1m de hauteur, mais plus forte pour faire les divers ouvrages. Cette dernière doit être munie d'un bord vertical qui empêche les matières de tomber de la table quand elles s'y répandent par le travail ; 2o de plusieurs étagères propres à recevoir des bouteilles et boîtes de matières ; 3o des clous à crochets de distance en distance pour mettre des liasses de cartouches et des pièces en œuvre ; 4o de plu-

---

[1] Des mots grecs πῦρ, *pur*, feu, et de τέχνη, *techné*, art.

1

sieurs pots vernissés ou plusieurs boîtes pour conserver le salpêtre, le soufre, le charbon et le poussier.

DE L'OUTILLAGE. — L'outillage se compose principalement des objets suivants :

*Des Baguettes à rouler.* Les baguettes à rouler qu'on appelle aussi mandrins, sont des cylindres en bois ou en métal, tournés avec une grande précision et terminés par une poignée également cylindrique, mais plus grosse que le corps de la baguette. Il y en a de plusieurs dimensions proportionnées au diamètre des cylindres creux en carton nommés cartouches que les baguettes doivent servir à rouler. On compte neuf numéros de baguettes pour l'assortiment complet.

| Baguettes à rouler. | Diamètre. | Longueur. | Longueur de la poignée. |
|---|---|---|---|
| Nos 1 | $0^m,007$ | $0^m,240$ | $0^m,10$ |
| 2 | $0^m,009$ | $0^m,270$ | $0^m,10$ |
| 3 | $0^m,012$ | $0^m,325$ | $0^m,10$ |
| 4 | $0^m,014$ | $0^m,325$ | $0^m,10$ |
| 5 | $0^m,018$ | $0^m,406$ | $0^m,12$ |
| 6 | $0^m,023$ | $0^m,480$ | $0^m,12$ |
| 7 | $0^m.027$ | $0^m,480$ | $0^m,12$ |
| 8 | $0^m,034$ | $0^m,650$ | $0^m,14$ |
| 9 | $0^m,036$ | $0^m,650$ | $0^m,14$ |

Le n° 1 est ordinairement formé d'une tringle bien ronde en fer ou en cuivre, emmanchée dans une poignée tournée.

Un amateur peut limiter, en commençant, aux nos 1, 2, 3 et 4, son assortiment. On trouve une grande économie dans la confection des pièces faites sur ces dimensions.

*Des Rouleaux.* — Le rouleau est une grosse baguette dont la poignée est plus petite que le corps. Indépendamment des baguettes à rouler, on doit avoir 3 rouleaux des dimensions suivantes :

| Rouleaux. | Diamètre. | Longueur. | Longueur de la poignée. |
|---|---|---|---|
| Nos 1 | $0^m,05$ | $0^m,650$ | $0^m,14$ |
| 2 | $0^m,07$ | $0^m,490$ | $0^m,14$ |
| 3 | $0^m,11$ | $0^m,490$ | $0^m,14$ |

*Des Baguettes à charger.* Les baguettes quelles qu'elles soient, dont on se sert pour charger les cartouches, doivent toujours être faites d'un diamètre de 2 millimètres moins fort que celles à rouler. Il est nécessaire d'en avoir, pour tout l'assortiment, au diamètre ainsi réduit.

*Des Varlopes.* Les varlopes (*fig.* 1) sont de petites planches oblongues bien unies, munies par le milieu d'une poignée *a b* pour les faire mouvoir, afin de rouler le carton des cartouches. Il en faut au moins deux : l'une de 0ᵐ,7 de longueur sur 0ᵐ,25 de largeur ; l'autre, de 0ᵐ,6 de longueur sur 0ᵐ,15 de largeur. L'épaisseur peut varier de 2 à 3 centimètres. La première sert pour les gros cartouches, et l'autre pour les moyens et les petits.

*Des Tamis.* Outre un tamis métallique, où l'on fait sécher différentes compositions, les artificiers ont un tambour de parfumeur garni de cinq tamis, trois en crin et deux en soie. Le premier en crin doit être d'un tissu fort serré ; le second plus clair, et le troisième encore plus clair, pour passer le charbon des fusées volantes et faire le mélange des compositions. Des deux tamis de soie, l'un doit être, quoique d'une gaze claire, plus fin que le premier tamis de crin, et l'autre tamis de soie doit être le plus serré des cinq, et de la gaze d'Italie la plus fine possible.

*De la Tablette à broyer.* La tablette à broyer doit être autant que possible une tablette de marbre de 40 à 50 centimètres de long, sur 30 à 40 centimètres de large. On enchâsse la tablette sur une table solide, à rebords en saillie verticale. On y broie les matières pulvérulentes, la poudre, le salpêtre, le charbon, le soufre en bâton, à l'aide d'une molette de 13 centimètres de hauteur et de 7 centimètres de diamètre. — Au besoin, l'on peut broyer les matières avec une bouteille que l'on roule sur une table. — Pour plus de sûreté, on bat la poudre dans un sac de basane, en forme de poire à poudre bien cousu, avec une batte ou gros bâton.

Les autres outils sont : Un petit tonneau pour mettre la poudre ; — Des bocaux pour conserver les ingrédients qui ne doivent pas demeurer en contact avec l'air ; — Un mortier de fonte et son pilon ; — Une paire de balances et des poids ; — Un compas droit et un courbe ; — Un couteau bien tranchant, de grands ciseaux et des petits ; — Des brosses et des pinceaux pour coller ; — Plusieurs entonnoirs de diverses grandeurs, de 10, de 8, de 5 centimètres de diamètre ; — Un poinçon droit et une alène de cordonnier, des

vrilles de plussieurs grosseur; — Un assortiment de fil, de
ficelle et filagore. Le filagore est du moyen cordeau qui sert
à étrangler les cartouches; pour le petit calibre, on fait
usage de *fouet* ; — Un assortiment de clous, pointes de Paris, colle forte, limes, rapes à bois, marteau, tenailles, pin-
ces plates, fils de fer et laiton de plusieurs grosseurs, et
même un petit étau de serrurier. — Trois maillets cylindriques en buis, en alisier, ou en gaïac : un de 0$^m$,12 de
diamètre sur 0$^m$,15 de hauteur, l'autre aussi de 0$^m$,12 de
diamètre sur 0$^m$,10 de hauteur, le troisième de 0$^m$,08 de
diamètre sur 0$^m$,09 de hauteur. Ce dernier sert aux pièces
des plus petits calibres. — Un écrêmoir ou *main*; c'est un
morceau de cuivre ou de fer-blanc mince de 1 à 2 décimètres de longueur sur 6 à 8 centimètres de largeur. Il sert
à ramasser les compositions éparpillées sur la table. — *Plusieurs plats de terre* vernissés pour faire les compositions en
pâte ou autres. Plus un *godet* pour fondre la gomme ara-
bique, et un *godet* pour la pâte dite d'amorce.

Tous ces outils qui sont en général indispensables pour
faire de l'artifice dans de bonnes conditions, peuvent cependant être limités ou suppléés selon l'industrie de celui
qui fait de la pyrotechnie d'agrément.

---

### Des Cartouches. Moulage du carton.

Les feux d'artifice même les plus compliqués se composent, en général, d'un assemblage de cartouches chargés,
qui, selon leur préparation et l'usage qu'on en fait, consti-
tuent les feux d'*air*, les feux qui ont leur effet sur *terre*, et
les accessoires dits artifices de *garnitures*.

DES CARTOUCHES. — Les cartouches d'artifice sont des
cylindres creux formés de papier cartonné et disposés pour
recevoir une charge de matières inflammables dont l'ignition
produit un effet réjouissant. On en distingue plusieurs sortes : les cartouches de *fusées volantes*, ceux des *jets* de feu
pour jets de feux *fixés* et pièces *tournantes*, les cartouches de
*chandelles romaines* et ceux des *fusées de tables*, enfin les
cartouches de *serpenteaux*, de *lances*, et de *porte-feu*.

La fusée volante que tout le monde connaît, et dont l'effet

est ravissant, est une fusée percée dans sa longueur d'un trou conique et munie d'une baguette pour lui servir de contre-poids, qui s'élève verticalement dans l'air en projetant de haut en bas une longue queue de feu.

Le jet de feu tournant est une fusée dont la force peut mettre en mouvement circulaire un petit appareil dont la rotation produit l'illusion d'un *soleil*.

Le jet de feu fixe est une fusée qui projette une belle *gerbe* de feu sans que le cartouche qui le produit change de place.

La chandelle romaine est une fusée qui, par intervalle, lance en l'air des projectiles incandescents, nommés *étoiles*. Du même genre est la *mosaïque* qui, au lieu d'étoiles, lance, alternativement, une queue de feu semblable à celle d'une fusée volante.

La fusée de table appelée aussi *tourbillon, artichau,* est une fusée qui pirouette sur un plateau, pour s'élever dans l'air en formant un tourbillon de feu.

Les serpenteaux sont de petites fusées qui, ordinairement, terminent leur effet par une détonation. On les nomme ainsi parce que, lancés dans l'air, ils y serpentent en obéissant à la force pyrique qui les chasse en zig-zag, tandis que leur propre poids les attire vers la terre. A ce genre appartiennent, comme variétés, le *lardon* qui n'est qu'un gros serpenteau, le *serpenteau à pirouette*, etc.

Les lances sont des fusées qui produisent une flamme semblable à un fer de lance, et qui a la propriété de ne pas s'éteindre malgré la pluie. On distingue : 1° La *lance de service* dont la flamme vive, pénétrante, sert à mettre le feu aux pièces d'artifice; 2° La *lance d'illumination* dont on varie les nuances de feu pour produire divers effets par combinaison.

Le *porte-feu* est un cartouche dans lequel on introduit une mèche pour la communication rapide du feu à une fusée ou d'une pièce à une autre. — Ces diverses fusées, avec la *bombe*, forment les éléments de tout feu d'artifice.

DU PAPIER PROPRE AU CARTON DES CARTOUCHES.— Tout papier lisse, de grandeur suffisante, s'il est encollé, est bon pour faire le carton des cartouches. Pour les porte-feu l'on emploie du papier couleur basane, et pour couvrir les communications et les jointures, afin de les garantir du feu, on se sert de papier de soie gris.

*Manière de faire bon le carton propre aux cartouches.* Le carton de pâte de papier du commerce à cause de son inégalité doit être rejeté. Le carton fait par l'industrie, de plusieurs feuilles de papier collées, est bon, mais cher [1]. On peut fabriquer soi-même d'excellent carton. Celui formé de cinq feuilles superposées paraît le plus en usage, et répondre aux exigences de l'art. — On fait de bonne colle d'amidon, ou de farine, et mieux encore de colle forte, ni trop claire ni trop épaisse, que l'on passe dans une toile légère. On étend sur une table unie, successivement, et avec une brosse on les enduit de colle, quatre feuilles de papier; on les place l'une sur l'autre. Quand il s'agit de superposer la cinquième que l'on n'enduit pas de colle, on en met deux ensemble en prenant garde qu'il n'y ait pas de colle entre elles. On opère ainsi la séparation du premier carton, du second qui commence. On continue d'une manière semblable. On peut ainsi coller un très-grand nombre de cartons. Quand on a terminé cet assemblage, on met le tout en presse pendant cinq ou six heures, pour extraire la colle superflue et les rendre unis. On peut, à défaut de presse, les mettre entre deux tables ou planchettes dont l'on charge autant que possible celle de dessus. Ensuite on accroche les feuilles de carton à des cordes, au moyen de petits crochets de laiton, dans un endroit fermé, pour les faire sécher. Lorsqu'ils sont secs, on les remet en presse pour les bien redresser. Les feuilles de cartons qui sont plissées ou mal collées servent pour divers articles de peu d'importance, tels que les marrons.

## Moulage des Cartouches.

Les cartouches sont d'une longueur et d'une épaisseur réglées selon leur spécialité.

*Longueur des cartouches.* La longueur des cartouches des fusées volantes se règle sur la longueur de la broche conique posée sur le culot qui sert dans la confection de ces

[1] De 27 à 30 fr. les 50 kilogrammes.

fusées; on leur donne un tiers en sus (*voir* p. 27) parce qu'il faut un diamètre un quart ou environ pour l'étranglement, et le surplus pour le massif. — La longueur des cartouches pour les jets de feux destinés aux pièces tournantes, est de 0$^m$,162; celle pour les jets de feux fixes est de 0$^m$,189 à 0$^m$,217. La longueur des chandelles romaines est d'environ 0$^m$,33.— La longueur des cartouches des fusées de tables est de onze diamètres extérieurs du carton. Les serpenteaux se font de la longueur d'une carte à jouer, 0$^m$,08. — On donne ordinairement pour longueur aux cartouches des lances d'illumination 0$^m$,09; à ceux des lances de service 0$^m$,33; à ceux des porte-feu, une longueur de 0$^m$,5.

*Épaisseur des cartouches.* L'épaisseur des cartouches se prend sur leur diamètre intérieur, c'est-à-dire sur celui de la baguette à rouler. L'épaisseur des cartouches des fusées volantes, des chandelles romaines et des fusées de tables, doit être, en général, moitié du diamètre de la baguette qui sert à le former, en sorte que si le diamètre intérieur d'un cartouche était de 0,018, son diamètre extérieur devrait être de 18+9 ou 0$^m$,027. Quant aux jets de feu, on prend les 2/3 de leur diamètre intérieur pour leur épaisseur, soit par exemple le diamètre intérieur d'un cartouche 0$^m$,018, le diamètre extérieur sera de 18+12 ou 0$^m$,030.

*Opération du moulage des cartouches.* Supposons que, préalablement, on a coupé le carton de la grandeur voulue. On frotte la baguette à rouler d'un peu de savon [1], pour que, le cartouche fini, elle en puisse sortir facilement; puis l'on présente le carton sur le travers de la baguette et on le roule en y étendant une couche légère de colle au fur et à mesure que le fourreau se forme. On serre avec la varlope en pressant à plusieurs reprises et toujours dans le même sens. On continue de rouler jusqu'à ce que le cartouche soit à sa grosseur, *ce qui est toujours nécessaire pour les fusées volantes.* Pour s'en assurer, on vérifie au moyen d'un compas à pointes courbes. Lorsque le cartouche est bien calibré, on le roule, en le serrant avec la varlope, dans une feuille de papier dont on colle la moitié du dernier tour

[1] Lorsque l'on coupe du papier, du carton, ou que l'on rogne des cartouches, il faut avoir soin de passer, chaque fois, la lame du couteau dans le savon.

ou dernière *révolution* [1]. Cette feuille de papier sert de ligature aux cartouches de toutes sortes ; les autres cartouches se roulent à sec. — Les cartouches des serpenteaux se font avec une ou deux cartes à jouer, que l'on façonne en les roulant à sec sur la baguette n° 1, de bois, de cuivre ou de fer de $0^m,007$ de diamètre. Au lieu de coller la carte, on la garnit d'un papier d'une dimension suffisante pour former quatre ou cinq révolutions. Ce papier est enduit de colle ; on le serre par deux ou trois coups de la petite varlope ; puis on l'ébarbe ; on étrangle les cartouches et on les lie comme on va le dire ci-après. — Les cartouches des lances d'illumination se roulent de même longueur (environ $0^m,09$) et de même diamètre que les serpenteaux, et se font de trois révolutions de papier, que l'on colle légèrement. Avant de sortir la baguette du cartouche, on la retire un peu et l'on plie la partie vide du cartouche que l'on colle. On frappe ensuite sur la table le bout plié et collé ; enfin, on retire entièrement la baguette du cartouche ainsi fermé et l'on continue. — Les cartouches des lances de service se roulent de cinq révolutions sur des baguettes de coudrier ou d'osier. Ils ne diffèrent des précédents que par leur plus grande longueur ($0^m,33$) et par leur épaisseur, car on les ferme de même par un bout. — Les cartouches des portefeu se font de trois révolutions et ne se ferment pas. On les roule sur des baguettes de fantaisie de 5 à 7 millim. de diamètre.

*De l'étranglement des cartouches.* Quand les cartouches sont à demi-secs, on doit procéder à l'étranglement de ceux qui exigent cette préparation ; ce sont, en premier lieu, les cartouches des fusées volantes, des jets de feu, des serpenteaux, des lardons. Les cartouches des autres fusées, comme les chandelles romaines et les tourbillons, sont tamponnées, d'un bout, de papier imbibé de colle et ne s'étranglent pas, quoiqu'on le puisse faire, si l'on trouve cela mieux. — L'étranglement (*Fig.* 2) consiste à serrer avec un filagore ou cordeau la circonférence de l'extrémité d'un cartouche pour former, par le rapprochement des parois, une gorge AB à l'extérieur et fermer à peu près le vide intérieur

[1] Ces prescriptions de donner aux cartouches une épaisseur mesurée, sont des règles générales dont l'observation garantit le succès.

par la dépression du carton. On assujétit, à un crampon scellé dans le mur, le filagore d'1ᵐ de long, d'une grosseur proportionnée au cartouche. On frotte de savon ce cordeau, dont on fait un tour à environ 0ᵐ,02 du bout du cartouche, et l'on en attache l'extrémité à un bâton que l'on se passe entre les cuisses. On serre doucement d'abord pour dessiner la gorge, et afin qu'elle ne plisse pas trop d'un seul côté, — ce qui ferait crever la fusée, — puis on serre progressivement jusqu'à ce que le cartouche soit presque entièrement fermé. — Quand un cartouche quelconque a été étranglé, on lie la gorge en y passant un nœud coulant d'artificier de fil ou de ficelle (*fig.* 3). C'est un soin dont on ne doit pas se dispenser. — On peut ne pas étrangler les cartouches des *jets de feu*. On les tamponne de terre à poterie tamisée, sur un culot à tête plate, en fer ou en cuivre, muni d'une petite broche d'un diamètre et demi de long et d'un quart de diamètre de grosseur. Mais si le culot pour les jets de feu est conique, il doit être des mêmes dimensions que les culots des fusées volantes, selon le calibre des fusées, et, dans ce cas, le cartouche des jets de feu doit être étranglé.

### Des matières propres à l'artifice.

Les principales matières qui entrent dans la composition des feux d'artifice sont le *salpêtre*, le *soufre*, le *charbon de bois* et la *poudre*.

DU SALPÊTRE. — Le salpêtre ou azotate de potasse est un sel formé par l'acide azotique (52,95) et par la potasse (47,05). C'est la base de l'artifice. On le trouve dans le commerce sous son ancien nom, ou bien sous ceux de *nitre*, de *sel de nitre*, de *nitrate*, d'*azotate de potasse*. Dans son état de pureté, il est blanc, transparent et en aiguilles cristallisées. — Pour n'avoir pas à le piler, on le fait fondre, sur un feu doux, en y versant autant d'eau pure qu'il en faut pour le dissoudre. On le remue en tous sens avec une spatule. Lorsqu'il a acquis la consistance d'une liqueur fort épaisse et qu'il commence à bouillir, on ralentit le feu et on le remue fortement jusqu'à ce qu'il soit réduit en farine. — Avant qu'il ne soit entièrement refroidi, on doit le passer dans le deuxième tamis de soie; après quoi on le serre dans un bocal bien fermé parce que l'humidité le rend déliquescent. C'est à la brusque décomposition du salpêtre, en contact avec le charbon et le soufre, que sont dus les principaux effets de l'explosion de la poudre et de la force des feux d'artifice.

Du Soufre. — Le soufre se vend sous l'état de *fleur de soufre* et de *soufre en bâtons*. La fleur de soufre s'emploie de préférence dans l'artifice. Elle est réputée bonne quand elle est d'un jaune citron tirant sur le vert. Le soufre en bâtons sert pour certaines mèches de couleur. L'emploi de la fleur de soufre dans l'artifice a le double but de faciliter le mélange du salpêtre et du charbon, et d'entretenir la combustion que le charbon a déterminée.

Du Charbon. — Le charbon à l'état de pureté est du *carbone*, corps très-inflammable. — Toute espèce de bois peut être converti en charbon par une opération qui a pour but de priver le bois de l'humidité et d'autres principes qu'il contient. — Je ne me suis jamais préoccupé, en fabriquant des feux d'artifice, de quel bois était formé le charbon que j'employais; mais il est reconnu que le charbon de bois de chêne, de bois dur, est préférable pour l'artificier. — La préparation du charbon consiste à le piler pour en tirer deux qualités en grosseur, une dans le plus gros tamis de crin pour la composition des fusées volantes et l'autre dans le plus serré pour le petit artifice. On trouve chez les droguistes et les pharmaciens du charbon en poudre.

De la Poudre. — La poudre dont on fait usage dans l'artifice est ordinairement la poudre de guerre, poudre de mines, formée de 75 parties de poids de salpêtre, de 12,5 parties de soufre, 12,5 parties de charbon, soigneusement triturées et mélangées, dont on forme avec de l'eau une pâte qui s'égrène en séchant lentement. — Par partie, nous entendons dans tout le cours de cet opuscule un poids quelconque pris pour unité. — La fabrication de la poudre est prohibée. L'administration n'en délivre qu'aux personnes dont la moralité est notoirement connue. — Pour servir à l'artifice, la poudre doit être *pulvérisée*. Cette opération se pratique par un battage de la poudre enfermée dans un sac de cuir basane; ou bien par une trituration à l'aide d'une mo-

lette à broyer sur un marbre ou sur une tablette de bois dur.
— On n'en broie qu'une faible quantité à la fois, crainte d'accident. — On la passe dans le plus fin tamis de soie. Cette fine poussière se nomme *pulvérin, poussier*. Ce qui n'a pu passer au tamis après plusieurs triturations se conserve à part, sous le nom de *relien*, pour un usage particulier. — Le *pulvérin* s'enflamme plus facilement encore que la poudre. On doit donc ne jamais laisser d'amas de pulvérin dans aucun coin de l'atelier.

## Des Métaux qui entrent dans la composition des Feux d'artifice.

Ces métaux sont le *fer*, l'*acier*, la *fonte de fer*, l'*antimoine*, le *zinc* et le *cuivre*.

Du Fer. — Le fer, l'acier et la fonte entrent dans un grand nombre de compositions d'artifice, tantôt sous forme de petits copeaux oblongs provenant des bavures de filières, tantôt comme limailles.

*Bavures de filières.* Les bavures de filières produisent un effet merveilleux dans les feux brillants. Ce sont de très-petites aiguilles courtes et très-fines qu'il faut conserver dans un vase bien fermé et dans un lieu sec.

*Limailles de fer et d'acier.* On trouve les limailles de fer et d'acier chez tous les ouvriers en métaux. Il faut se les procurer nouvellement faites et sans rouille. Leur préparation, bien simple, consiste : 1° à les séparer de leur fine limaille, qui ne sert qu'aux petits artifices, en les passant dans le deuxième tamis de soie ; 2° à les purger de leurs ordures en les vannant ou en les criblant dans un tamis peu serré ; 3° à séparer les moyennes limailles des grosses qu'on emploie séparément. Les pharmaciens procurent de la poudre de fer qui est d'un utile emploi quand elle n'est pas oxydée ou rouillée. — Les limailles de ressort de pendule ou de montre, qui sont de petits copeaux minces et frisés, s'emploient pour imiter les fleurs de jasmin.

*De la fonte de fer.* La fonte de fer joue un rôle important dans la composition de feux d'un grand éclat, nommés feux chinois, parce qu'on en doit l'invention à ce peuple, grand amateur de pyrotechnie. — On prépare la fonte de la manière suivante : on prend des morceaux de marmites cassées, les plus minces qu'on peut trouver ; on les récure avec soin, de manière à ce qu'il n'y reste aucune rouille. On les concasse dans un mortier de fer avec un pilon à tête d'acier trempé. Ce métal, étant bien pilé, forme un sable qu'on tamise et dont on tire trois grosseurs qui sont les trois numéros. On tient cette matière dans des bocaux bien fermés et étiquetés. Les copeaux de fonte douce, en aiguillettes, des tourneurs remplacent d'une manière satisfaisante la fonte pilée. Je m'en suis servi avec succès.

DE L'ANTIMOINE. — L'antimoine, ou régule d'antimoine, est un métal d'un blanc grisâtre qui a un grand éclat. Il est très-cassant et peut être facilement réduit en une poudre fine dans un mortier. On lui fait subir l'opération du tamisage et on l'emploie sous forme de pulvérin. Ce métal, dans la combustion, se combine énergiquement avec le soufre, sert à réunir et à lier les matières qui se trouvent en fusion avec lui, donne de l'activité au feu, qu'il rend vif et difficile à éteindre. Il ne faut pas confondre l'antimoine métal, qui est un corps simple, dont nous venons de parler, avec le sulfure d'antimoine, qui n'a pas les mêmes propriétés. Cependant, je dois dire que j'ai obtenu, dans les compositions des feux tournants, de beaux effets de l'emploi du sulfure d'antimoine, qui produisait un disque magique azuré. Je me permets de recommander cette dernière matière aux amateurs.

DU ZINC. — Le zinc est un corps métallique, très-dur, qui se brise difficilement sous le marteau. Il faut le râper pour le mettre en limaille. Il sert dans quelques compositions pour produire un feu bleu ; mais il ralentit par sa fusion la force du feu.

DU CUIVRE. — Les Limailles de cuivre, qui sont employées quelquefois dans les compositions pour produire un feu verdâtre, se préparent ainsi que le zinc de même que celles de fer et d'acier.

## Des autres Substances qui entrent dans la composition des feux d'artifice.

Du Cristal. — Le cristal pilé et passé au fin tamis entre dans quelques compositions.

De l'Ambre. — L'ambre, appelé *electrum* par les anciens, et *Karabé* par les artificiers, est une substance qui brûle en pétillant et en écumant. On l'emploie pilé et tamisé pour les compositions des feux de lances jaunes ou dans les feux de senteur.

Du Camphre. — Le camphre ordinaire si connu de tout le monde est très-inflammable, et donne une flamme blanche. Humecté d'un peu d'alcool ou *esprit de vin*, il se réduit facilement en une poudre très-fine. Dans cet état, il se mélange plus intimement avec certaines compositions. — Il est très-volatil, insoluble dans l'eau, mais se dissout bien dans l'alcool et y rend possible la dissolution de la gomme. L'alcool camphré, gommé, donne plus de vivacité au feu des compositions où la gomme doit entrer.

Du Noir de fumée. — Le noir de fumée dit de *Hollande* et d'*Allemagne*, qu'on trouve dans le commerce, entre dans certaines compositions pour produire un feu d'une couleur rougeâtre ou sombre. On l'emploie après l'avoir nettoyé des ordures qui s'y peuvent trouver.

Chlorate de potasse. — Le chlorate de potasse est, comme le salpêtre, un sel qui a la potasse pour base, combiné avec le chlore. Cette substance demande qu'on l'emploie avec de prudentes précautions, la chaleur, ou un choc pouvant donner lieu à des explosions dangereuses. On doit éviter de le garder mêlé avec du soufre, ou toute autre matière inflammable, mais on peut le garder seul, au sec, sans danger. On en fait usage en artifice dans les feux colorés, des étoiles et des lances d'illumination. Comme la percussion surtout peut en déterminer l'explosion, on évite de l'employer dans la charge frappée de jets de feu.

Du Nitrate de strontiane. — La strontiane est un oxyde de *strontium*, corps métallique. A l'état de nitrate, c'est un sel qui s'enflamme facilement et qu'on emploie pour obtenir des feux rouges pourpre. Le chlorate de strontiane, par la propriété qu'il a de se dissoudre facilement dans l'alcool, peut servir à colorer en rouge pourpre la mèche à étoupilles.

**Du Nitrate de Baryte.** — La baryte est un oxyde de *Barium*, corps métallique. Le nitrate de baryte qui s'offre sous la forme de cristaux s'emploie aussi dans l'artifice comme le précédent, après avoir été pulvérisé. Sa propriété est de colorer la flamme en vert.

---

## Des substances qui entrent dans la confection des pièces d'artifice pour les pâtes, mèches ou étoupilles.

Ces matières sont le *coton*, l'*étoupe*, l'*alcool*, le *vinaigre*, et la *gomme*.

**Du Coton et de l'Étoupe.** — Le coton qu'on emploie pour mèche doit former un brin de 6 à 8 fils. On le choisit aussi propre que possible. Il brûle sans résidu, et sert, quand il a été imbibé et recouvert d'une composition, à communiquer le feu aux diverses pièces d'artifice. L'étoupe n'est autre chose que des déchets de filasse ou du chanvre provenant de tronçons de cordes effilées. La vieille ouate lavée fait de bonne étoupe, parce qu'elle brûle sans résidu comme le fil de coton.

**De l'Alcool.** — L'alcool ou *esprit de vin*, en raison de sa propriété inflammable, quand il est camphré et mêlé à un peu de gomme dissoute dans le vinaigre, est le meilleur liquide qu'on puisse employer pour réduire en pâte certaines compositions qui doivent être vives et brillantes. Il peut être remplacé dans cet usage par l'eau-de-vie quand elle n'est pas sophistiquée, surtout par le bon vinaigre.

**Du Vinaigre.** — Pour concentrer le vinaigre où la fraude peut avoir introduit de l'eau en excès, on le fait bouillir. De bon vinaigre dissout la gomme, le camphre, et peut dès lors être substitué avec économie à l'alcool pour faire les pâtes des compositions.

**De la Gomme.** — La gomme se dissout très-facilement dans l'eau et le vinaigre et se durcit ensuite en séchant. Celle des abricotiers, des pruniers, etc., est très-bonne pour être employée dans l'artifice où elle sert à donner plus de consistance à certaines compositions. Les pharmaciens vendent de la gomme pulvérisée qui est promptement dissoute.

## PRATIQUE DES FEUX D'ARTIFICE

La pratique des feux d'artifice comprend la *manipulation* et la *formation des pièces d'artifice*.

### De la manipulation.

La manipulation s'exerce sur les artifices de garnitures, sur les préparations des feux d'air, sur les préparations des feux qui font leur effet sur terre.

DES ARTIFICES DE GARNITURES. — On appelle, en pyrotechnie, *garnitures*, des produits dont l'emploi concourt à la confection de certaines pièces ou leur sert de complément. Les préparations des artifices de garnitures sont, après la corde à feu, la mèche à étoupille, la pâte d'amorce, les serpenteaux, les lardons, les serpenteaux à pirouette, les serpenteaux à étoiles, les étoiles simples et les étoiles moulées, les étoiles à pet, la pluie de feu, les étincelles, les lances de service et les lances d'illumination, les lances à pétard, les marrons, les marrons luisants, les météores.

DE LA CORDE A FEU. — La Corde à feu est une corde de chanvre, grosse comme le petit doigt, qu'on prépare, pour donner du feu aux lances lorsqu'on tire un feu d'artifice. — Pour préparer la *corde à feu* on fait une lessive des matières suivantes :

| | |
|---|---|
| Cendres de bois dur, ou potasse. . . . . . . | 3 parties. |
| Chaux vive. . . . . . . . . . . . . . . | 1 — |
| Suc de fiente de cheval. . . . . . . . . . | 2 — |
| Salpêtre . . . . . . . . . . . . . . . | 1 — |

On verse cette lessive sur la corde dans une chaudière et l'on fait bouillir à petit feu le tout pendant 24 heures, puis on retire la corde et on la sèche dans un grenier. — Un bout d'environ un décimètre peut durer une heure.

DE LA MÈCHE A ÉTOUPILLE. — La mèche à étoupille sert à amorcer tous les artifices et à communiquer promptement le feu d'une pièce à l'autre. Elle se fait en coton avec les compositions suivantes.

| Composition lente. | Composition vive. | Rouge. |
|---|---|---|
| Pulvérin. 8 parties. | Pulvérin. 4 p. | Pulvérin . . . . . . 4 |
| Soufre . 2 p. | Salpêtre. 1 p. | Chlorate de strontiane. . . 1 |

Vous opérez le mélange des matières sèches dans un parchemin; puis, pour que ce mélange soit complet vous le passez dans un tamis; vous formez ensuite du tout une pâte liquide délayée avec de l'alcool saturé de camphre auquel vous ajoutez une partie de gomme délayée avec de fort vinaigre sur 16 parties de matières[1] ; après cela, vous y mettez tremper pendant 24 heures du coton selon la quantité de mèche que vous voulez faire. Vous dévidez ensuite la mèche par longueur de 50 centimètres sur un châssis léger et la laissez sécher lentement, pour la serrer dans la boîte à mèche ou dans un étui de papier.

DE LA PATE D'AMORCE. — Avec les résidus des compositions ci-dessus, on obtient une pâte que l'on conserve toujours liquide pour coller les étoupilles d'amorce. De là le nom qu'on lui a donné.

DES SERPENTEAUX. — Nous supposons que les fusées de ce genre ont été roulées, étranglées, liées, rognées. On les charge avec la composition suivante :

| Pulvérin. . . . . . | 8 parties. | Charbon. . . . . . | 2 parties. |
|---|---|---|---|

Autre composition plus vive :

| Salpêtre. . . . . . | 16 parties. | Poussier. . . . . . | 4 parties. |
|---|---|---|---|
| Soufre . . . . . . | 8 — | Antimoine . . . . . | 1 — |

Il serait trop long de les confectionner un à un, c'est pourquoi on s'arrange de manière à en bourrer un grand nombre à la fois; on les arrange debout, l'étranglement en bas,

[1] Cette proportion qui équivaut à 31 grammes de gomme sur 500 grammes de matières, est celle qu'il faut admettre généralement dans les pâtes où la gomme est nécessaire.

serrés les uns contre les autres, de manière qu'ils ne puissent ballotter, dans une boîte appelée boisseau (*fig.* 4), de la profondeur de 0ᵐ,07 à 0ᵐ,08. On introduit d'abord dans chaque cartouche une pincée de gros son que l'on foule avec une baguette de fer ou de cuivre de 0ᵐ,004 de diamètre et de 0ᵐ,16 de long, emmanchée dans une poignée en bois. Avec une grosse plume taillée en cuiller, on remplit de poudre en grains, à peu près à moitié, les cartouches. Puis à l'aide d'un entonnoir E, dont le bout permet bien l'introduction de la baguette, on met de la composition que l'on foule fortement avec ladite baguette dans chaque cartouche. Quand les cartouches ainsi bourrés sont entièrement pleins, on les étrangle de nouveau, on les lie, comme la première fois. A l'aide d'un petit poinçon, on dégage le trou du dernier étranglement, afin d'y faire entrer un petit bout d'étoupille que l'on assujettit avec de la pâte pour l'amorcer.

*Des Lardons.* Les lardons sont de gros serpenteaux roulés sur une baguette de 8 à 12 millim. de diamètre. Quand ils ont été chargés et traités comme les serpenteaux ordinaires, avant de les amorcer, on pratique avec un poinçon ou avec une petite vrille, dans la partie supérieure, un trou de 12 à 14 millim. de profondeur pour y opérer un vide. Ce vide présentant plus de surface au feu de la composition, donne dans l'air aux lardons des mouvements plus brusques et plus rapides que ceux des serpenteaux.

*Des Serpenteaux à pirouette.* Les serpenteaux à pirouette (*fig.* 5) sont des serpenteaux qui tournoient de diverses manières en l'air, avant de tomber à terre. On n'y met en les chargeant ni son ni poudre grenée ; on commence par introduire un peu de papier sec que l'on tamponne au fond du cartouche. On les charge entièrement de composition. Avant de faire le second étranglement, on pose sur la composition un autre petit tampon de papier afin que le cartouche soit entièrement clos des deux bouts. Ensuite on perce, dans le sens horizontal, près des deux étranglements aux côtés opposés A, B, deux petits trous que l'on fait communiquer avec un bout d'étoupille lié par un fil au milieu du cartouche, ou revêtu d'une petite bande de papier de soie collé avec de la gomme et de l'alcool camphré.

*Des Serpenteaux à étoiles.* Les serpenteaux à étoiles

sont ceux dont l'effet consiste à imiter d'abord une étoile et à finir par celui d'un serpenteau. Les serpenteaux à étoiles sont étranglés environ $0^m,01$ plus bas que les autres. On commence par remplir le trou de l'étranglement avec une pincée de poussier, puis on achève de les charger avec la composition vive ci-dessus, et en terminant la charge on les tamponne sans les étrangler de nouveau. On remplit le bassinet de l'étranglement de pâte d'amorce et bien mieux de pâte d'étoiles de chandelles romaines à laquelle s'ajoute un bout d'étoupille.

DES ÉTOILES. — On appelle étoiles des espèces de pastilles faites de pâte inflammable, qui servent à garnir différentes pièces, principalement les fusées volantes et les bombes, et à composer les chandelles romaines et les mosaïques. — L'effet des étoiles est de briller avec une vive lumière, comme un feu céleste. — Il y a les étoiles simples et les étoiles moulées. Les unes et les autres se font avec les mêmes compositions.

COMPOSITIONS POUR LES ÉTOILES.

*Étoiles blanches ordinaires.*

Salpêtre . . . . 16 parties.
Soufre. . . . . 8 —
Pulvérin . . . . 7 —

*Autre.*

Salpêtre . . . . 16 parties.
Soufre . . . . . 7 —
Pulvérin . . . . 8 —
Antimoine . . . . 1 —

*Étoiles en pluie d'or.*

Salpêtre . . . . 16 parties.
Soufre . . . . . 8 —
Pulvérin . . . . 16 —
Charbon . . . . 3 —
Noir de fumée . . . 2 —
Gomme. . . . . 2 —

*Étoiles pour feu rouge pourpre.*

Nitrate de strontiane. 10 parties.
Soufre en fleur . . . 3 p. 1/4
Noir de fumée. . . . » 3/4
Chlorate de potasse . . 2 p. 1/4

*Autre composition pour feu rouge.*

Nitrate de strontiane. 24 parties.
Chlorate de potasse. . 15 —
Soufre en fleur. . . 8 —
Noir de fumée. . . 3 —

*Composition d'étoiles pour feu bleu.*

Chlorate de potasse. 12 parties.
S.-carbonate de cuivre. . . . . . 8 —
Soufre. . . . . . 5 —

*Autre composition pour feu bleu.*

Sulfate ammoniacal de cuivre bien desséché. . . . . 4 —
Chlorate de potasse. 12 —
Soufre en fleur. . . 4 —

*Feu violet.*

Carbonate de cuivre. 5 —
Protochlorure de mercure. . . . . . 3 —
Nitrate de strontiane. 20 —

*Feu violet* (Suite).

Chlorate de potasse. 43 —
Soufre. . . . . 29 —

*Composition pour feu jaune.*

Bicarbonate de soude 1 —
Sulfate de stroutiane. 1 —
Chlorate de potasse. 4 —
Soufre en fleur. . . 2 —

*Pour feu vert.*

Pulvérin. . . . . 2 parties.
Nitrate de baryte. . 24 —
Chlorate de potasse. 18 —
Soufre . . . . . 7 p. 1/2
Noir de fumée . . » 1/3
Protochlorure de mercure.. . . . . » 1/6

*Remarque importante.* Dans les compositions où entrent le nitrate ou le sulfate de strontiane et le chlorate de potasse, ces matières doivent être préalablement mélangées à la main avant qu'on y ajoute le soufre et le noir de fumée.

*Des Etoiles simples.* Les matières étant mélangées avec le plus de soin possible, et pour cela passées trois fois dans le plus gros tamis de crin, on humecte la composition avec l'alcool camphré et gommé en prenant garde que la pâte ne soit pas trop liquide. Le salpêtre se fond dès qu'il est mouillé. On étend la pâte sur une planchette unie et on l'aplatit plus ou moins pour lui donner de 1 à 2 centimètres d'épaisseur. On la coupe ensuite par petits morceaux cubiques; on étend ces morceaux qui sont les *étoiles simples*, sur une table saupoudrée de relien qui leur sert d'amorce, et on les laisse bien sécher à l'ombre, après quoi on les serre pour les employer au besoin.

*Des Etoiles moulées.* Les étoiles moulées qui se font de la même pâte que les étoiles simples, sont celles qui entrent dans la confection des chandelles romaines. Pour les fabriquer on se sert d'un emporte-pièce du calibre juste des baguettes à charger les chandelles romaines qu'on se propose d'établir. C'est une virole de métal (*Fig.* 6) *a b c* d'un diamètre et demi environ de hauteur, qui entre d'un tiers dans un manche portant à son centre une petite broche cylindrique de $0^m,002$ de diamètre, et d'une longueur telle qu'elle ne dépasse pas la virole lorsque celle-ci est placée sur son manche. A l'endroit *c b* où la virole doit être fixée, ce manche est traversé, dans son diamètre, par un trou qui permet d'y placer une petite cheville en fer. Cette cheville empêche la virole de descendre sur le manche et la force de demeurer en place.

Quand on a ajusté la virole sur le manche, l'on y introduit la pâte en la pétrissant avec une spatule. On retire alors la petite cheville, et en poussant le manche on fait sortir, de la virole remplie, un tronçon de cylindre percé à son milieu, qui est l'étoile moulée *dg*. Le trou formé au milieu *d* sert à faire passer le feu à la chasse. Il est indispensable, comme on le verra pag. 38, pour le succès des chandelles romaines.

*Des Étoiles à pet.* Ce sont de petits marrons que l'on amorce et que l'on recouvre de pâte d'étoile. On doit les rouler sur du poussier sec qui leur sert d'amorce.

DE LA PLUIE DE FEU. — On appelle pluie de feu, une préparation dont l'effet divers ressemble à des gouttes de feu qui retombent sur la terre du haut des airs où les ont lancées des fusées et des bombes. Il y a plusieurs sortes de pluie de feu : la pluie de feu proprement dite, les étincelles et la pluie d'or.

*De la Pluie de feu proprement dite.* L'on refoule de petits cartouches de 5 à 6 centim. de long et d'un diamètre de 5 millim., dont on tortille un bout qu'on aplatit. Puis avec la composition suivante on les charge comme les serpenteaux ; on les amorce avec de la pâte et un bout d'étoupille. Composition :

| | | | |
|---|---|---|---|
| Pulvérin. | 16 parties. | Charbon. | 3 parties. |

*Des Étincelles.* Les étincelles se font ainsi : on prépare avec la composition ci-après une pâte très-liquide, humectée avec l'alcool camphré et gommé [1], dans laquelle on mêle de l'étoupe hachée que l'on pétrit en grains de la grosseur des pois. On les roule ensuite sur du relien et on les laisse sécher à l'ombre.

*Composition pour les étincelles.*

| | |
|---|---|
| Salpêtre. | 4 parties. |
| Pulvérin. | 4 — |
| Camphre. | 8 — |
| Étoupes hachées. | 4 — |

*De la Pluie d'or.* La pluie d'or, qui est d'un charmant

[1] L'on n'emploie pas alors pour liquide de l'alcool camphré, mais de l'alcool ordinaire ou du vinaigre, l'on ajoute la dose de gomme dite, pag. 16.

effet, se fait avec une pâte de l'une ou de l'autre des compositions qui suivent; elle se coupe et s'amorce comme les étoiles simples.

*Composition d'étoiles pour la pluie d'or.*

|  | 1re Composition. | 2e Composition. |
|---|---|---|
| Poussier. . . . . . . | 16 parties. | 16 parties. |
| Soufre. . . . . . . . | 8 — | 3 1/2 |
| Salpêtre. . . . . . . | 16 — | 1 |
| Charbon. . . . . . . | 3 — | » |
| Noir de fumée. . . . . | 2 — | 2 |

## Des Lances.

DES LANCES DE SERVICE. — Les lances de service se chargent avec l'entonnoir comme les serpenteaux, s'amorcent avec un bout d'étoupille et de la pâte. Il faut en les chargeant veiller à ce qu'elles ne se plissent pas et soient bien fermes ; autrement, quand il existe des vides dans le cartouche, il peut se rompre, ralentir son feu et même s'éteindre. Les lances de service bien conditionnées ne s'éteignent jamais. Pour cesser le feu, on les coupe au-dessous du foyer, avec un couteau tranchant.

*Compositions diverses pour lances de service.*

|  | No 1. | No 2. | No 3. | No 4. | No 5. |
|---|---|---|---|---|---|
| Salpêtre . . . . . | 16 p. | 4 p. | 16 p. | 16 p. | 8 p. |
| Soufre. . . . . . | 8 | 1 | 8 | 8 | 3 |
| Pulvérin . . . . . | 1 | 2 | 4 | 1 | 4 |
| Charbon . . . . . | 3 | » | » | » | » |
| Antimoine. . . . . | 1 | » | » | 1 | » |

DES LANCES D'ILLUMINATION. — Les lances d'illumination sont destinées à être fixées sur des châssis pour figurer des portiques, des colonnes, des devises, etc. On les charge avec l'entonnoir et la baguette, comme les serpenteaux, mais sans poudre grenée. On les amorce avec de la pâte sans étoupille.

| Compositions. | Blanches | | Jaunes | | Rouges | | Bleuâtres | Bleues | Vertes. |
|---|---|---|---|---|---|---|---|---|---|
| | n°1. | n°2. | n°1. | n°2. | n°1. | n°2. | n°1. | n°2. | |
| Salpêtre . . . . | 16p. | 16p. | 4p. | 8p. | 8p. | 40p. | 4 | » | » |
| Soufre en fleur . . . | 8 | 4 | 4 | 8 | 2 | 15 | 1 | 5 | 7 1|2 |
| Pulvérin . . . . | 4 | 4 | 6 | 4 | 4 | 4 | » | 2 | 2 |
| Antimoine . . . . | 1 | » | » | » | » | 4 | 2 | » | » |
| Charbon . . . . | » | » | » | » | 1 | 1 | » | » | » |
| Noir de fumée . . . | » | » | » | » | » | » | » | » | 115 |
| Ambre . . . . | » | » | 5 | 4 | » | » | » | » | » |
| Cristal pilé . . . | 1 | » | » | » | » | » | » | » | » |
| Nitrate de strontiane . | » | » | » | » | 4 | 40 | » | » | » |
| Chlorate de potasse . . | » | » | » | » | » | » | » | 12 | 18 |
| Sous-carbonate de cuivre . | » | » | » | » | » | » | » | 8 | » |
| Nitrate de baryte . . | » | » | » | » | » | » | » | » | 24 |

DES LANCES A PÉTARD. — La lance à pétard produit d'abord l'effet ordinaire d'une lance et finit par une détonation. On la confectionne ainsi. Sur un mandrin d'un calibre qui permette de recevoir le pied des lances on roule une carte dans le sens de sa largeur. On l'étrangle, et on y met de la poudre grenée comme pour un serpenteau, jusqu'à la hauteur des deux tiers du cartouche. On étrangle de nouveau et l'on assure avec un poinçon la communication du dernier tiers avec une lance détamponnée qu'on introduit dans le bassinet du deuxième étranglement. On assujéttit la lance en la collant avec du papier ou avec un papier de soie gommée.

DES MARRONS. — Le Marron *fig.* 7, en artifice, est un cartouche de forme cubique, comme un dé à jouer, rempli de poudre en grains et recouvert de plusieurs rangs de ficelle cirée ou enduite de poix. Les marrons s'emploient pour produire des détonations. On en fait de dimensions diverses et arbitraires. Avec une règle carrée bien dressée on trace sur du carton des petits carrés. On découpe ensuite des morceaux en forme de T contenant trois carrés dans le sens vertical A B et trois dans le sens horizontal C D dont on forme facilement le cube en les pliant et en ajustant les bandes l'une à l'autre. On les emplit de poudre grenée et on les ficelle. Lorsqu'ils sont finis, on perce un trou à l'un des angles A, afin d'y introduire un bout d'étoupille qu'on a soin de couvrir d'un bout de porte-feu. Puis on les enveloppe dans un morceau de papier qu'on lie serré autour du porte-feu.

**DES SAUCISSONS.** — Les saucissons sont des marrons cylindriques, formés d'un cartouche étranglé par un bout, chargé de poudre en grains, étranglé à l'autre bout, puis ficelé et amorcé.

**DES MARRONS LUISANTS.** — Les marrons luisants sont des marrons de forme cubique d'environ 3 centimètres de côté, qu'on recouvre de plusieurs révolutions de coton filé, trempé dans de la pâte d'étoile assez liquide. Il va sans dire qu'ils ont dû être préalablement amorcés d'un bout d'étoupille, qui ne doit prendre feu qu'après l'effet du coton. On roule cette préparation sur du pulvérin sec pour lui servir d'amorce, et on laisse sécher à l'ombre. Les marrons luisants dont l'effet est de produire d'abord une lumière blanche et de finir par une détonation s'emploient en garniture de pots à feu, de fusées volantes et de bombes.

**DES MÉTÉORES.** — Les météores, ainsi appelés parce qu'ils simulent certains feux qui semblent s'échapper du ciel, sont de gros marrons luisants de 4 à 8 centimètres de côté. Ils sont employés en garniture de fusées volantes ou lancés comme des bombes avec un mortier.

## DES FEUX D'AIR.

On a donné le nom de *feu d'air* à des espèces de préparations d'artifice qui produisent leur effet dans l'air et qui y sont portées par une force extrinsèque, appelée *chasse*, ou par une force intrinsèque, qui leur est propre. Les feux d'air se composent *des Fusées volantes, des Bombes, des Pots à feu, des Mosaïques à tourbillon, des Saucissons volants, des Tourbillons volants* ou *Fusées de table.*

**DES FUSÉES VOLANTES.** — Triomphe de l'artificier amateur, la fusée volante si majestueuse dans son ascension, dont la course se termine avec des effets que le caprice peut diversifier de plusieurs manières toujours agréables au spectateur, cette fusée, par l'outillage, par les soins, enfin par le temps qu'elle exige dans sa fabrication, fait le désespoir du novice. En effet, c'est une des pièces le plus difficiles à préparer. Quoi qu'il en soit, pour peu qu'on veuille se donner la peine d'étudier les conditions à remplir, il devient facile d'obtenir le succès dans ce genre d'amusement. La fusée volante exige, par-dessus tout, trois conditions : 1° être chargée d'une manière uniforme, qui garantisse l'intégrité d'un trou conique [1] qu'on obtient dans l'intérieur de la fusée à l'aide d'une broche conique introduite dans le cartouche pendant la charge ; 2° que la charge, nommée garniture, qu'elle emporte en son vol, soit toujours en rapport avec sa force intrinsèque ; 3° qu'elle soit munie, pour diriger son vol, d'une baguette d'une longueur et d'un poids proportionnés à la force de son calibre. De là des calculs à observer, un outillage particulier pour confectionner cette pièce dans les règles voulues. Une fusée volante (*fig.* 8.) comprend donc trois parties : la fusée proprement dite B C, formée du cartouche chargé, le pot de garniture A B, et la baguette directrice D E.

*De la Fusée volante proprement dite.* Le cartouche de la fusée volante, en principe, doit avoir pour longueur environ 6 fois le diamètre extérieur. Mais l'expérience a démontré que cette règle ne doit pas être mathématiquement suivie, et l'on a établi pour les gros calibres des longueurs qui varient selon le diamètre intérieur de la fusée, sans pourtant trop s'éloigner du principe général admis pour les calibres des petits diamètres. La fusée volante devant être, par sa nature, percée intérieurement et en grande partie d'un trou conique, il s'ensuit que son chargement ne se peut faire qu'à l'aide d'une broche et de baguettes spéciales.

*De la Broche propre au chargement des fusées volantes.* La broche (*fig.* 9) est une tige de fer conique *a b*, reposant sur un *bouton b c*, et faisant corps avec lui et avec un *culot c d* immédiatement situé sous le bouton. Cet ensemble se termine par une vis à bois ou par un fer carré ayant pour axe, l'axe même de la broche qui doit être bien verticalement établie sur ce petit système. Cette broche conique

[1] Quand on met le feu à l'ouverture inférieure de la fusée, toute la surface intérieure du cartouche s'enflammant, il y a production subite d'une très-grande quantité d'un gaz très-élastique. Ce gaz exerce une pression puissante sur tout l'espace inoccupé dans le corps de la fusée. Si donc les dimensions nécessaires ont été données à la fusée, si la charge est d'une force suffisante et le contre-poids régulier, la pression doit faire monter la fusée.

doit avoir à sa base la moitié du diamètre intérieur du cartouche, à son sommet le quart, et pour longueur 6 fois ce diamètre.

Le bouton *bc* est un petit cylindre du diamètre intérieur du cartouche, d'une hauteur variable et arrondi dans sa partie près de la broche pour prendre la forme du bassinet de l'étranglement du cartouche, qui, pendant le chargement, s'y repose en portant son extrémité sur le culot. Le culot est totalement cylindrique. Il doit avoir 1 fois et demie le diamètre intérieur et une pareille hauteur, et être traversé d'un trou *e* du plus fort diamètre de la broche pour qu'on y passe un petit levier en fer, afin de visser l'appareil sur un billot ou sur une forte table. La partie de la fusée qui n'est pas traversée par la broche et qui est pleine s'appelle le massif.

Le *massif* doit être à peu près d'un diamètre extérieur, pour les fusées, jusqu'au calibre[1] de 34 millimètres. Au-dessus de ce calibre, on diminue la hauteur du massif. (V. ci-après le tableau.) Quand le massif est trop court, la fusée éclate trop tôt, avant d'avoir opéré une ascension suffisante ; trop long, outre qu'il surcharge la fusée et en empêche la course, le massif est cause qu'elle retombe avant d'éclater à sa hauteur convenable. La garniture fait alors son effet près de la terre, cause des dangers d'incendie et peut blesser les spectateurs, les étoiles de garniture étant des matières incendiaires d'une grande activité.

*Des Baguettes à charger les fusées volantes.* Les baguettes à charger les fusées volantes (*fig.* 10) sont au nombre de trois creuses, A, B, C, une massive D pour les cartouches de 0^m,009 à 0^m,023 de diamètre extérieur, et de quatre creuses et une massive pour les autres. Des baguettes creuses, la plus grande A est de la longueur de tout le cartouche, et le trou *a* pratiqué dans son axe vertical doit être d'un diamètre égal à celui de la base de la broche et aussi profond que celle-ci est longue. Les autres baguettes sont du tiers de la broche pour les petites fusées, car, pour les grands cartouches, les baguettes autres que la plus grande sont du quart de la longueur de la broche.

*Du Pot de garniture de fusées volantes.* Le pot de garniture des fusées volantes (*fig.* 8) est un cartouche AB d'un diamètre plus fort que le calibre de la fusée qu'on ajuste à la partie supérieure de celle-ci pour y placer la garniture qui ne doit jamais excéder le tiers du poids de la fusée. Cette garniture se compose d'étoiles de diverses couleurs, de serpenteaux, de marrons luisants, de pluie de feu, de météores, de lardons, de saucissons, qui prennent feu quand la fusée éclate. Le pot se roule sur un moule du diamètre donné au tableau ci-après, de carton en trois avec deux révolutions; lorsqu'il est sec, on l'étrangle à la partie inférieure du moule qui doit être tenu à cet effet du diamètre du calibre de la fusée et de 0$^m$,002 plus fort, afin qu'elle puisse y entrer, s'y lier et s'y coller. On rogne avec le couteau les bavures de l'étranglement, et on le couvre avec une bande de papier de soie collé. D'un rond de carton du diamètre marqué au tableau ci-après et dont on a enlevé un secteur, on forme un chapiteau conique Ae que l'on colle sur le pot.

*Des baguettes-contre-poids des fusées volantes.* Les baguettes qu'on adapte aux fusées volantes pour leur servir de contre-poids se font pour celles jusqu'au calibre de 0$^m$,023 de diamètre intérieur, inclusivement, en branchage de bois léger, de coudrier, d'orme, de saule, d'osier, etc., que l'on choisit bien droites et sans nœuds. On leur donne en général dix ou onze fois la longueur du cartouche de la fusée, ayant d'épaisseur à un bout environ un tiers du diamètre extérieur des cartouches et à l'autre bout environ un quart. Pour les plus grosses fusées, on fait les baguettes avec des tringles de sapin bien droites.

*Calibre des Fusées volantes.* — On peut établir des fusées volantes de sept calibres [1] de cartouches ou mieux de sept diamètres intérieurs différents. Le tableau suivant donne toutes les proportions qu'exigent ces calibres pour la fusée, la broche, le pot, le chapiteau et la vis à bois.

(1) Le calibre d'un cartouche est son diamètre extérieur, qui, dans les cartouches de fusées volantes, est une fois et demie le diamètre intérieur.

Tableau des proportions des sept diamètres des Fusées volantes, de leurs broches, pots et chapiteaux.

| Numéros. | FUSÉE. | | | | BROCHE. | | | | | | POT de GARNITURE. | | | CHAPITEAU. | VIS À BOIS | |
|---|---|---|---|---|---|---|---|---|---|---|---|---|---|---|---|---|
| | Diamètre intérieur. | Diamètre extérieur. | Hauteur du massif. | Longueur. | Longueur. | Diamètre de la base. | Diamètre de la pointe. | Diamètre du bouton. | Hauteur du bouton. | Hauteur du culot. | Diamètre des pots. | Diamètre intér. de la douille. | Hauteur des pots. | Hauteur conique et diamètre. | Diamètre. | Longueur. |
| | mill | mill | mill | mill | mill | mill | mill | mill | mill | mill | mill | mill | mill | mill | mi | mi |
| 1 | 9 | 14 | 11 | 84 | 72 | 5 | 2 | 9 | 9 | 23 | 23 | 10 | 41 | 23 | 18 | 41 |
| 2 | 14 | 20 | 14 | 123 | 108 | 7 | 3 | 14 | 14 | 32 | 32 | 18 | 45 | 32 | 20 | 46 |
| 3 | 18 | 27 | 27 | 183 | 155 | 9 | 5 | 18 | 18 | 36 | 41 | 23 | 74 | 41 | 23 | 54 |
| 4 | 23 | 34 | 32 | 220 | 187 | 11 | 6 | 23 | 23 | 36 | 52 | 30 | 79 | 52 | 25 | 54 |
| 5 | 27 | 41 | 36 | 270 | 232 | 14 | 7 | 27 | 27 | 36 | 61 | 37 | 81 | 61 | 27 | 54 |
| 6 | 36 | 54 | 38 | 284 | 246 | 18 | 9 | 36 | 32 | 36 | 81 | 50 | 92 | 81 | 36 | 64 |
| 7 | 54 | 81 | 47 | 375 | 325 | 27 | 14 | 54 | 50 | 54 | 120 | 77 | 108 | 108 | 47 | 81 |

COMPOSITIONS PROPRES AUX FUSÉES VOLANTES. — Quelles que soient les proportions données pour ces compositions, il est possible d'obtenir plus de vivacité dans le feu en ajoutant une dose de pulvérin quand il ne fait pas partie de la composition, ou en augmentant la dose si le pulvérin est porté dans la composition.

*Compositions pour tout calibre.*

| Pour l'été. | n° 1 | n° 2 | n° 3 | n° 4 | n° 5 |
|---|---|---|---|---|---|
| Salpêtre. | 16 p. | 17 p. | 16 p. | 8 p. | 16 p. |
| Soufre en fleur. | 4 | 3 | 2 1|2 | 2 | 4 |
| Charbon au gros tamis. | 7 | 8 | 6 | 3 | 9 |
| Pulvérin. | » | 1 | 0 1|2 | 1 | » |
| | 27 | 29 | 15 | 14 | 29 |

Compositions :

| | POUR L'HIVER. | | POUR FUSÉES D'HONNEUR. | | |
|---|---|---|---|---|---|
| | n° 1 | n° 2 | n° 1 | n° 2 | n° 5 |
| Salpêtre | 20 p. | 17 p. | 5 p. | 16 p. | 4 p. |
| Soufre en fleur. | 2 | 3 1|2 | 1 1|4 | 4 | 1 |
| Charbon | 8 | 8 | 2 1|2 | 5 | 1 |
| Pulvérin. | » | 4 | 1 | » | 12 |
| Fonte. | » | » | 2 | 2 | » |
| Limaille de fer. | » | » | » | 2 | 4 |

Le salpêtre, le soufre en fleur, le pulvérin étant pesés, on les mélange avec le *plus grand soin* en les passant trois fois dans le gros tamis ; ensuite on y ajoute la dose de charbon et s'il y a lieu de limaille qu'on mélange à la composition avec la main.

*Chargement des Fusées volantes.* — Il faut avant tout que la broche soit *solidement* et *verticalement* établie sur le billot ou sur la table à charger. — On passe la broche dans le cartouche de manière à ce que le bassinet de l'étranglement tombe sur le bouton et effleure le culot de la broche. Avec la plus longue baguette introduite dans le cartouche et sur laquelle on frappe légèrement neuf coups de maillet on *façonne* la fusée. On verse un 1|3 de cornée[1] de composition dans le cartouche où l'on introduit alors la plus longue baguette. On frappe avec un maillet proportionné quelques coups en tournant la baguette à droite et à gauche pour bien asseoir la composition. On applique ensuite à chaque charge, qui ne doit occuper, étant foulée, qu'un demi-diamètre intérieur du cartouche :

Pour le calibre de 9 millim. de diamètre intérieur, 15 coups.

| | 14 | — | | — | 20 | — |
| — | 18 | — | | — | 25 | — |
| — | 23 | — | | — | 30 | — |
| — | 27 | — | | — | 35 | — |
| — | 36 | — | | — | 40 | — |
| — | 54 | — | | — | 50 | — |

(1) Une carte de visite pliée dans le sens de la longueur.

A proportion que le cartouche se remplit on accroît la quantité de matière, à chaque charge, attendu que dans la partie inférieure de la fusée, la broche occupe la moitié du vide, et qu'à mesure que la charge monte, elle en occupe moins. On change de baguette toutes les quatre ou cinq charges, et l'on doit avoir grand soin de les vider de la matière qui s'introduit dans le trou dont elles sont percées, comme aussi de n'employer la baguette massive que lorsque la charge dépasse l'extrémité de la broche. Autrement, l'on ferait fendre les baguettes. Lorsqu'on est arrivé au massif on met la cornée presque pleine. Lorsque la fusée est entièrement chargée avec la régularité prescrite qui assure la compression uniforme de la composition, on met sur le massif un tampon de papier que l'on frappe de plusieurs coups, et à l'aide d'un poinçon, ayant dédoublé la partie restée vide du carton de la moitié de son épaisseur, on la rabat sur le tampon et on la frappe avec la baguette massive de plusieurs coups bien appliqués. On termine cette opération en perçant le papier de quelques trous avec un poinçon jusqu'à la composition et sans l'entamer. Les fusées jusqu'au calibre de $0^m,023$ de diamètre intérieur n'ont pas besoin d'être tamponnées. Les plus grosses, sans cette précaution, défoncent par la tête, sans s'élever, et peuvent occasionner ainsi des accidents.

*Chargement du Pot de garniture.* Le pot étant ajusté à la fusée, on le charge de la manière suivante : On y verse une ou deux cornées de la composition des fusées, avec une demi-cornée de relien, et l'on y pose la garniture, les serpenteaux, l'amorce en bas, les étoiles pêle-mêle avec des rognures d'étoupe pour en assurer l'incendie; l'on assujettit la charge du pot avec du papier pour empêcher le ballottage, et on pose le chapiteau. (Voy. page 26.)

Au lieu de pots de garniture moulés qui demandent assez de travail, j'ai souvent fait des pots improvisés en roulant, à la colle, sur le cartouche, plusieurs tours de papier fort dans lequel j'ai placé la garniture bien amorcée et liée par le haut. Mes fusées ont monté aussi haut et ont produit presque autant d'effet que celles armées d'un pot à chapiteau. Pour amorcer les fusées, on introduit à l'entrée du cartouche un bout d'étoupille que l'on fixe avec de la pâte d'amorce, ou mieux que l'on coud avec du fil passé dans deux trous pratiqués au bord du cartouche ; puis on relève la mèche dans le bassinet, et on colle un rond de papier de soie sur l'épaisseur du cartouche pour *bonneter* la fusée si elle doit être conservée pendant quelque temps.

*Équipement des Fusées de leurs baguettes.* Pour équiper les grosses fusées de leurs baguettes, on forme au gros bout des baguettes une cannelure pour recevoir le cartouche et on termine leur sommet en biseau. Quant aux baguettes de branchage, on les taille à plat sur la moitié de leur épaisseur. Les unes et les autres sont attachées bien ferme en droite ligne sur les fusées avec de la ficelle ou du petit fil de fer, en ayant soin que le gros bout ne dépasse jamais la douille du pot de garniture. Pour s'assurer que les baguettes de la longueur prescrite assureront l'ascension des fusées, on les met en équilibre sur la lame d'un couteau à $0^m,08$ ou $0^m,10$ de la gorge de la fusée. Si l'équilibre n'a pas lieu parce que la baguette est trop légère, il faut la changer. Si la baguette est trop pesante, on ôte du bois dans le sens de l'épaisseur de la baguette, sans jamais en diminuer la longueur voulue.

Tir des Fusées volantes. — Les fusées volantes se tirent une à une ou par ordonnance, en bouquet ou en girande.

*Tir des Fusées une à une.* Pour tirer les fusées une à une, il suffit d'un petit poteau fixé dans le sol, muni par le haut d'un clou à crochet sur lequel on pose le bassinet de la fusée ; au milieu du poteau, on met un anneau ouvrant dans lequel on passe la baguette afin de la tenir droite.

*Tir par ordonnance.* Ce tir consiste à faire partir des fusées par intervalle et à distance réglée de telle manière que l'effet de la première ait lieu quand part la deuxième. Pour obtenir ce résultat, le moyen le plus simple est d'attacher sur deux poteaux verticalement plantés une planche dans le sens horizontal et d'y fixer de distance à distance des clous à crochet pour y poser les fusées. On établit au-dessous une tringle horizontale, où l'on pose des anneaux ouvrants pour ajuster les baguettes. Selon que l'anneau s'éloignera de la verticale par rapport au clou à crochet d'où part la fusée, celle-ci inclinera plus ou moins à droite ou à gauche dans son ascension. On tire aussi des fusées volantes par ordonnances dans des caisses réglées; ces caisses qui sont ouvertes, ou, quand on craint l'incendie, fermées d'un couvercle léger, sont percées de trous pour y passer les baguettes. L'amorce de la fusée repose sur une rainure que l'on garnit d'une mèche à étoupille qui sort de la boîte sous la garde d'un porte-feu. On fait des caisses de 5 à 30 fusées. On les dispose par deux en les inclinant de manière à ce qu'elles croisent leur feu dans leur vol ; ce qui produit un bel effet.

*Des Bouquets de fusées volantes et de la Girande.*— Les bouquets de fusées volantes se tirent pour terminer un feu d'artifice. On les compose d'un assemblage de fusées, disposées dans une boîte percée de trous, par lesquels on enfile les fusées de manière que l'amorce touche une couche de poussier qu'on a répandu sur le fond de la boîte. Une mèche d'étoupille enfermée dans un porte-feu communique de la boîte à l'extérieur, de manière à ce qu'on puisse mettre le feu sans peine. La caisse fermée par deux trappes en forme de toiture s'ouvre d'elle-même lors de l'éruption des fusées. — La girande n'est autre chose qu'un bouquet formé de fusées de tout calibre rangées par gradation dans la boîte de partement.

Du Courantin.— Avec des cartouches de fusées volantes, il est facile d'établir une pièce fort récréative appelée *courantin*. Le courantin (*fig.* 24), est une fusée qui va et vient sur une corde *ab* horizontale ou oblique bien tendue. — On prend d'abord un cartouche vide; on y lie parallèlement deux cartouches de fusée volante chargés ayant la lumière tournée l'une *c* dans un sens, l'autre *d* dans un autre; on met ces cartouches amorcés en communication avec un porte-feu. Souvent on y adapte un carton représentant une colombe, ou un dragon ailé. Quand on veut tirer le courantin, que d'ordinaire on fait partir d'un balcon pour signal d'un feu d'artifice, on le passe dans une corde bien tendue fixée d'autre part au poteau d'une pièce où il se précipite et où, avant son retour, il met le feu ou bien simule l'avoir mis. On peut établir plusieurs courses de courantins surtout au-dessus d'une pièce d'eau, pour produire un effet divertissant.

Des Bombes. — Les bombes d'artifice sont des boules creuses de carton ou de bois qu'on remplit d'artifices de garniture, qu'on lance d'un mortier par le feu d'une chasse et qui, au moyen d'une fusée qui y est adaptée, éclatent à leur destination en produisant un effet joyeux. Il faut donc considérer dans cette pièce, les bombes, leurs fusées, la chasse et les mortiers.

*De la confection des bombes.* On fait des bombes de carton découpé en fuseaux sphériques assemblés, collés avec de forte toile, le tout fermé et ficelé quand on a mis la garniture dans les bombes. La manière la plus simple, la plus sûre et la plus commode, quand on sait tourner, ou que l'on a un tourneur intelligent est de les faire en bois (*fig.* 11), de deux pièces qui se ferment et s'emboîtent par le milieu comme une tabatière. La partie inférieure A, qui reçoit l'impulsion de la poudre, doit avoir pour épaisseur un douzième du diamètre. L'on en donne un quinzième à la partie supérieure B où l'on pratique un trou pour recevoir la fusée. Ce trou est appelé l'*œil* des bombes. Les garnitures des bombes peuvent être variées comme celles des fusées volantes ; mais les étoiles de diverses couleurs, les pluies d'or, les météores paraissent le mieux leur convenir.— La bombe étant chargée, avant de la fermer, on colle l'assemblage avec de la colle forte et l'on achève de remplir les interstices des garnitures avec du relien mêlé de deux tiers de matières flamboyantes que l'on introduit par l'œil, ensuite l'on y pose la fusée F (*fig.* 12), taillée en sifflet, qui doit entrer juste et un peu de force. On l'y assujettit avec de la colle forte. On couvre la bombe de quatre ou cinq révolutions de grosse toile imbibée de colle forte bien chaude.— Elle doit, en cet état, être d'un calibre de 2 ou 3 millimètres plus faible que celui du mortier.—Lorsque les bombes sont sèches, on amorce la fusée avec une étoupille en deux. On roule sur la bombe deux tours de papier blanc formant un *gobelet* pour recevoir un porte-feu double ; on en conduit un *a b* dans un cornet de carton fait en cône comme la chambre C du mortier, et qui contient la poudre de chasse ; on colle ensuite le tout avec plusieurs bandes de papier de soie. Le second porte-feu *a c* se prolonge assez pour sortir du mortier lorsque la bombe est mise au fond et pour servir à lui donner feu. Quelquefois on ajoute à la bombe un petit parachute qui retombe avec un contre-poids formé de météores de feux divers colorés.

*Fusées et chasse des bombes.* — Les fusées de bombe se roulent avec de la carte en cinq sur une baguette de 9 millimètres de diamètre ; on les charge avec une cuiller proportionnée au calibre, en frappant vingt coups bien égaux à chaque charge. On ne les serre et on ne les étrangle pas.

La chasse de la bombe, comme nous l'avons fait pressentir, est une charge de poudre à canon, qui se place dans un cornet de carton déposé sous la bombe et qui, s'enflammant simultanément avec la fusée de la bombe, lance en l'air ce projectile, auquel la fusée met le feu au plus haut degré de son ascension et le fait éclater. La chasse est ordinairement de la trentième partie du poids de la bombe pour les mortiers à chambre conique.

*Composition propre aux fusées des bombes d'artifice.*

. Pulvérin. 12 parties. | Charbon. 6 parties. | Soufre. 4 parties.

La longueur des fusées et le poids de la chasse varient selon le diamètre des bombes.

| Calibre des bombes[1]. | Longueur de la fusée. | Poids de la poudre à canon |
|---|---|---|
| Millimètres. | Millimètres. | Grammes |
| 108 | 34 | 61 |
| 162 | 45 | 92 |
| 244 | 54 | 184 |
| 325 | 54 | 275 |

*Des mortiers pour lancer les bombes.* Les mortiers GHBD (*fig.* 12), propres à lancer les bombes d'artifice, sont d'un diamètre de 2 à 3 millim. plus fort que le calibre des bombes qu'ils doivent servir. — Les mortiers du calibre de 108 ou 162 millim. se font en toile et en carton. — Vous prenez de la grosse toile ou du coutil de 1$^m$,20 de large, que vous étendez sur une table unie ; vous l'imbibez de colle faite moitié de farine et moitié de colle forte chaude, et vous la couvrez de plusieurs feuilles de fort carton collées aussi

---

[1] Le calibre est pris sur le diamètre extérieur.

entièrement. Vous roulez le tout sur un cylindre de bois, en donnant aux parois du mortier, pour les bombes du calibre de $0^m,108$, $0^m,027$ d'épaisseur, et au mortier, pour les bombes du calibre de $0^m,162$, une épaisseur de $0^m,041$. La hauteur du mortier doit être au moins de deux fois son diamètre extérieur. Lorsque le mortier a été bien séché à l'ombre, vous retirez le rouleau cylindrique sur lequel vous n'avez pas engagé de colle, et vous le fermez par le bas avec un culot en bois dur $d\,D\,B\,b$, sur lequel vous l'arrêtez avec de la colle forte et deux rangs de clous proportionnés à l'épaisseur du cartonnage. A la partie supérieure du culot $d\,b$, vous devez, préalablement, avoir creusé un trou conique C appelé chambre, destiné à recevoir la chasse et à la rendre plus forte. Cette chambre se double ordinairement en cuivre ou en tôle. A la rigueur, les mortiers peuvent opérer sans chambres, étant tout à fait cylindriques; mais il faut que la chasse soit beaucoup plus forte en ce qu'elle agit alors sur toute la surface de la base du mortier. De plus les mortiers de ce genre sont plus en risque de crever. Les mortiers pour les bombes du calibre de 244 et 325 millim. doivent être faits en cuivre rouge laminé, de $0^m,007$ d'épaisseur pour les premiers, et de $0^m,011$ pour les seconds. C'est le travail d'un chaudronnier.

DES POTS A FEU. — Les pots à feu sont de petits mortiers cylindriques sans chambre, d'un diamètre plus petit que les mortiers à bombes, qui servent à lancer dans l'air des artifices de garnitures, des serpenteaux, des étoiles, des marrons luisants, des mosaïques à tourbillon et des saucissons volants. — On les roule à la colle avec de la carte en huit, et on leur donne ordinairement $0^m,054$ de diamètre intérieur, $0^m,081$ de diamètre extérieur, et de 3 à 4 décimètres de hauteur. On les monte, comme les mortiers, sur un culot qui n'entre que de 5 centimètres dans le cartouche, et auquel on l'arrête avec de la colle et des clous. Pour assujettir les pots à feu à une tringle ou barre sur laquelle on en tire souvent, d'ordonnance, plusieurs à la fois, on pose sous le culot une vis qui peut, à volonté, entrer dans cette barre. Les culots des pots à feu d'ordonnance sont traversés en outre par un trou où l'on passe une

étoupille qui se réunit à un porte-feu de communication.

*Chasse des Pots à feu.* Pour établir la chasse, on roule
sur le cylindre qui a servi à mouler les pots, des *sacs à*
*poudre* en fort papier, fermé d'un bout par une pliure. L'on
y met la charge d'environ 30 grammes, d'une composition,
formée de 16 parties de relien et de 3 parties de charbon, et
deux bouts d'étoupille assez longs pour déborder de $0^m,025$;
on ferme, on lie le sac et l'on coupe l'excédant du papier.
On introduit dans chaque pot un sac à poudre qu'on perce
de plusieurs trous avec un long poinçon et on répand dessus
un peu de poussier. On place ensuite, la partie amorcée par
en bas, la garniture que l'on assujettit avec un tampon de
papier pour l'empêcher de ballotter, et l'on ferme le pot
avec une rouelle de carton percée pour recevoir la mèche
de communication si le pot n'est pas percé par le culot, ce
qui est, à mon avis, préférable. — Un pot à feu d'un bel
effet est celui sur la garniture duquel on pose des jets de
feu chinois variés de feu commun. Lorsque la gerbe du feu
brillant a produit son effet calme et magique, le pot à feu
éclate et projette sa garniture. Les jets de feu ne doivent être maintenus que par des tampons de papier, et
doivent être recouverts de la rouelle de carton dont il a été
parlé.

DES MOSAÏQUES A TOURBILLON. — Les mosaïques à tourbillon (*fig.* 13) sont des fusées qui, lancées par la chasse
d'un pot à feu, tourbillonnent en formant une longue queue
et éclatent avec bruit. Quand on les fait partir par couple,
on penche d'une manière adverse les brins qui portent les
pots, et l'effet produit n'en est que plus agréable. Le cartouche des mosaïques se fait de $0^m,19$ de longueur sur un rouleau de $0^m,11$ de diamètre et on lui donne $0^m,007$ d'épaisseur. Après avoir étranglé, d'un bout A, le cartouche et coupé
l'excédant de la ligature, on le tamponne d'une cuillerée de
terre battue de dix coups de maillet, et l'on marque extérieu-
rement par un point la hauteur du tampon. On charge jusqu'à la hauteur de $0^m,016$, avec une composition de 3 parties $\frac{1}{2}$ de charbon et de 16 parties de pulvérin. Puis, on remet
un quart de cuillerée de terre; on l'étrangle et on le lie en
cet endroit B.— On y introduit ensuite deux bons doigts de

poudre en grains BC. On l'étrangle sans le fermer totalement, pour ne pas interrompre la communication du feu, et on lie, puis l'on charge de nouveau $0^m,016$, CD, de la composition. On met une cuillerée de terre ; on étrangle encore et on lie ; on finit par charger $0^m,016$, DE, de composition. On rogne le cartouche et l'on amorce sur la composition. — On fait trois trous : l'un D au-dessus du dernier étranglement, le second $a$, de côté, un peu au-dessous de D ; le troisième trou A immédiatement au-dessus du premier tamponnage et du côté opposé à celui du deuxième trou. On fait communiquer ces trous par une étoupille, et l'on recouvre le tout avec trois ou quatre tours de papier collé. La fusée commence par un jet de feu simple, se continue par un double feu jeté par les trous opposés ; — ce qui la fait pirouetter, tourbillonner — et finit par une détonation. La mosaïque finie doit avoir $0^m,023$ de diamètre. — Les mosaïques à tourbillon sont lancées dans des pots de chasse de $0^m,27$ de longueur sur un rouleau de $0^m,025$ de diamètre, montés d'ailleurs tout comme les pots à feu, se chargeant et s'amorçant de même. La chasse est de 15 grammes de relien seulement.

DES SAUCISSONS VOLANTS. — Les saucissons volants sont des fusées qui, jetées en l'air comme les mosaïques à tourbillon, forment d'abord une queue de feu et finissent par une détonation, comme les saucissons ordinaires. — Pour faire les saucissons volants, on prend un cartouche du même diamètre intérieur et extérieur que celui pour les mosaïques à tourbillon, que l'on coupe d'environ 11 centimètres. On forme d'abord par le bas du cartouche un saucisson ordinaire avec une charge de poudre grenée de 5 à 6 centim. de hauteur. Dans la partie supérieure du cartouche, qui communique par un petit trou laissé à la gorge du deuxième étranglement du saucisson, on met une charge de composition pareille à celle des mosaïques à tourbillon d'environ $0^m,016$ de hauteur ; puis l'on coupe l'excédant du carton, l'on amorce avec la pâte pour fermer l'ouverture du cartouche et avec un brin d'étoupille. Ces saucissons se mettent dans les pots des mosaïques, en leur lieu et place, et sur la même chasse. Pour en varier l'effet, on peut mettre un saucisson dans un pot et une mosaïque dans l'autre, et les alterner ainsi.

Des Fusées de table ou Tourbillons. — Le cartouche des fusées de table ou tourbillons (*fig*. 14) se fait du même diamètre et de la même épaisseur que celui des fusées volantes. —Sa longueur est de 11 diamètres extérieurs.

*Compositions pour les fusées de tables ou tourbillons.*

| Matières. | Diamètre intérieur de 9 millim. | de 18 millim. | de 23 millim. | |
|---|---|---|---|---|
| | Feu commun n° 1. | Idem n° 2. | Feu chinois n° 1. | Idem n° 2. |
| Pulvérin . . . | 16 parties. | 7 p. | 18 p. | 16 p. |
| Salpêtre . . . | 8 — | 16 | 16 | 16 |
| Charbon. . . | 1 — | 4 | 0 | 0 |
| Soufre . . . | 4 — | 4 | 8 | 8 |
| Fonte. . . . | 0 — | 0 | 10 | 12 |
| | 29 | 31 | 52 | 52 |

On commence par tamponner le cartouche d'un bout avec du papier imbibé de colle, et l'on marque sur le cartouche la hauteur de ce tampon[1] A, battu ferme de douze à quinze coups ; on laisse sécher ; on charge le cartouche avec l'une des compositions ci-dessus, en battant avec un maillet proportionné trente coups bien appliqués à chaque charge, jusqu'à la hauteur de 9 diamètres extérieurs. Dans l'espace qui reste B, et de la hauteur du premier tampon, on tamponne le cartouche, partie de papier sec et partie de papier imbibé de colle, et, s'il y avait un excédant, on le couperait. — On divise ensuite le cartouche en quatre parties égales *c*, *d*, *e*, *f*, et parallèles à chaque bout ; on y trace trois lignes parallèles équidistantes, dans toute la longueur du cartouche, et l'on marque par un point sur chacune la hauteur des tampons. L'une d'elles, prise pour être celle du milieu et pour marquer le dessous de la pièce, se divise en cinq parties égales d'un point à l'autre. A chaque division *c*, *d*, *e*, *f*, on perce, avec une vrille, un trou jusqu'à la composition, et l'on fait à l'affleurement du tampon deux pareils trous, l'un d'un côté A et l'autre de l'autre côté B, au bout opposé ; en sorte que le cartouche porte quatre trous sur une ligne, et un sur chacune des deux autres. On amorce chaque trou avec un bout d'étoupille et de la pâte ; on fait passer

[1] On donne au tampon la hauteur d'un diamètre extérieur.

sur chaque trou un autre bout d'étoupille afin que le feu se communique aux six trous à la fois. On couvre entièrement les étoupilles avec une bande de papier collé. Pour tenir la fusée dans une position horizontale et la faire pirouetter sur le plateau ou sur la table sur laquelle on doit la tirer, on y adapte en croix un morceau de cercle à tamis de même largeur et de même longueur que le cartouche.

## DES FEUX QUI ONT LEUR EFFET SUR TERRE.

Les feux qui ont leur effet sur terre sont : les chandelles romaines, les mosaïques simples, les jets de feu fixes et les jets de feu tournants.

DES CHANDELLES ROMAINES. — Lorsque les cartouches des chandelles romaines ont été préparés, comme nous l'avons dit p. 7 et 8, puis étranglés ou tamponnés d'un bout, qu'on a les étoiles moulées bien sèches et du calibre juste de l'intérieur du cartouche, on les charge plusieurs à la fois. On les lie ensemble et on les tient droits devant soi. Ayant mis dans chacun une charge d'une cuillerée de composition de fusées volantes, on la bat légèrement de plusieurs petits coups. On met ensuite la valeur d'une petite pincée de poudre en grains, et de préférence de poudre de chasse, sur laquelle on fait glisser une étoile moulée. Il faut que l'étoile soit traversée d'un trou, par où le feu se communique à la poudre en grain pour chasser l'étoile aussitôt qu'elle a pris feu. On remet par-dessus une charge de composition toujours battue légèrement, de manière à ne pas briser l'étoile, puis encore une étoile, jusqu'à ce que les cartouches soient remplis, faisant bien attention de ne pas confondre les charges alternatives d'étoiles et de composition. Lorsque les chandelles romaines sont chargées, on les délie, on les amorce de pâte et d'un bout d'étoupille, et on les entoure d'un fourreau de papier, qu'on colle par le bout du bas et qui sert à recevoir la communication que l'on juge à propos de lui adapter. Les chandelles romaines se tirent par récréation une à une, ou par batteries, dans les feux d'artifice. La magie de leurs étoiles, de couleurs variées, séduit tous les spectateurs. On peut les faire se terminer par une détonation, au moyen d'un marron passé dans le fourreau et mis en communication avec la fusée.

DES MOSAÏQUES SIMPLES. — Les mosaïques simples se font absolument comme les chandelles romaines, à l'exception que leurs étoiles moulées, qui jettent en l'air une longue chevelure de feu, se font avec une composition différente, formée de pulvérin, 16 parties; — salpêtre, 4 parties; — charbon, 3 parties; — soufre, $\frac{1}{2}$. — On les emploie d'un grand nombre de manières, selon le goût de l'artificier.

DES JETS DE FEU. — Les cartouches des jets de feu fixes et ceux des jets de feu tournants se chargent bien frappés, massifs de la même manière et le plus souvent avec les mêmes compositions. On en forme des pièces dont la disposition est arbitraire. Les jets de feu se chargent sur un culot plat (*fig.* 15), quand le cartouche a été terré, et sur un culot conique quand le cartouche est étranglé. L'un et l'autre de ces culots portent une petite broche A B d'un diamètre et demi intérieur de hauteur et d'un quart de diamètre de grosseur. On les fixe comme les fusées volantes sur la table à charger ou au billot. Chaque charge doit être battue de vingt coups égaux. Quand les changements de jets doivent avoir lieu dans les feux tournants, il faut toujours mettre la première charge en feu commun, qui a une plus grande force d'impulsion pour en faire mouvoir le rouage dont il sera parlé. Nous donnons ci-après le tableau des compositions diverses pour les jets de feu fixes et tournants.

Ce tableau synoptique, qui comprend 28 recettes, est aussi complet que l'art moderne le puisse permettre.

Nous avons néanmoins exclu de ces compositions les poudres fulminantes, matières sans doute aujourd'hui assez souvent employées par les artificiers, mais qui, sans ajouter beaucoup à l'effet, compliquent la manipulation et sont une cause de dangers auxquels il est inutile de s'exposer dans l'application d'un art d'ailleurs si agréable.

# TABLEAU DES COMPOSITIONS POUR LES JETS DE FEU FIXES ET TOURNANTS.

| MATIÈRES. | FEUX COMMUNS | | | | FEUX BRILLANTS Pour tous calibres. | | | | FLEURS DE JASMIN pour tous calib. | | | FEUX CHINOIS | | | | FEUX DE COULEURS. | | | | | | | FEUX DE FANTAISIE. | | | | | |
|---|---|---|---|---|---|---|---|---|---|---|---|---|---|---|---|---|---|---|---|---|---|---|---|---|---|---|---|---|
| | Pour diamètre de 7 et 9 millimètres. | Pour diamètre de 11 et 14 millim. | Pour diamètre au-dessus de 14 mill. | Bleuâtre blanc. | A disque. | Ordinaire. | Très-brillant. | Brillant persan. | Grand jasmin. | Petit jasmin. | Avec nuances bleuâtres. | Pour diamètre au-dessous de 23 mil. | Feu persan. | Pour lfs et cascades. | En blanc. | Rouge pourpre. | Bleu. | Verdâtre. | Bleuâtre. | Bleu d'azur. | Blanc. | Aurore. | Rayonnant. | Pluie magique pour jets fixes. | Autre pluie magique pour jets fixes. | Rose. | Vert. | Noir. |
| Pulvérin . . . . | 16 P. | 16 P. | 16 P. | 16 P. | 16 P. | 16 P. | 18 P. | 18 P. | 16 P. | 16 P. | 20 P. | 16 P. | 16 P. | 8 P. | 8 P. | 15 P. | 8 P. | 16 P. | 4 P. | 4 P. | 16 P. | 16 P. | 16 P. | 16 P. | 12 P. | 15 P. | 15 P. | 2 P. |
| Salpêtre . . . . | 2 | 2 | 2 | 6 | 2 | 2 | 1 | 1 | 1 | 1 | 1 | 4 | 4 | 4 | 4 | 10 | 4 | 2 | 2 | 2 | 8 | 2 | 2 | 8 | 3 | 10 | 10 | 2 |
| Soufre . . . . | 3 | 3 | | 4 | 2 | | 4 | 4 | | | | 4 | 4 | 4 | 4 | 13 | 2 | 2 | 3 | 2 | 3 | 2 | 2 | 2 | | 13 | 13 | 2 |
| Charbon. . . . | | | | | | | | | | | | | | 2 | 1 | 4 | 2 | 2 | 1 | 1 | 2 | 2 | 2 | 2 | | 2 | 2 | 2 |
| Antimoine. . . | | | | | 1 | | 1 | 1 | | | | | | | | 4 | 2 | 2 | 1 | 1 | 2 | 2 | 2 | 2 | | 2 | 3 | 2 |
| Limaille de fer. | | | | | 3 | 3 | 2 | 2 | 2 | 2 | 3 | 2 | 2 | | | 2 | 2 | 2 | | | 2 | 2 | 2 | 2 | 2 | 3 | 3 | 2 |
| Limaille d'acier. | | | | | | | 2 | | | | | | | 2 | 12 | 2 | 2 | 4 | 2 | 2 | 2 | 2 | 2 | 2 | 2 | 2 | 2 | 2 |
| Limaille de cui- | | | | | | | | | | | | | | | | | | | | | | | | | | | | |
| vre. . . . | | | | | | 1 | | | | | | | | | | 40 | 8 | 2 | 2 | 2 | 2 | 2 | 2 | 10 | | | 2 | 2 |
| Fonte. . . . | | | | | | | | | | | | 14 | 5 | 2 | 2 | | | | | | | | | | | | | |
| Cristal pilé. . . | | | | | | | | | | | | | | | | | | | | | | | | | 1112 | | | |
| Nitrate de stron- | | | | | | | | | | | | | | | | | | | | | | | | | | | | |
| tiane. . . | | | | | | | | | | | | | | | | 40 | | | | | | | | 10 | 1112 | | | |
| Zinc. . . . | | | | | | | | | | | | | | | | | | | | | | | | | | | | |
| Sous - carbonate | | | | | | | | | | | | | | | | | | | | | | | | | | | | |
| de cuivre. . | | | | | | | | | | | | | | | | | 8 | 3 | | | | | | | | 17 | | |
| Poudre d'or. . | | | | | | | | | | | | | | | | | | | | | | | | | | | | |
| Nitrate de ba- | | | | | | | | | | | | | | | | | | | | | | | | | | | | |
| ryte. . . | | | | | | | | | | | | | | | | | | | | | | | | | | | | |
| Lim. de plomb. | | | | | | | | | | | | | | | | 1 | | | | | | | | | | | | 1 |
| Noir de fumée. | | | | | | | | | | | | | | | | | | | | | | | | | | | | 1 |

\* Sulfure d'antimoine.     \*\* Sulfure.

Il y a plusieurs observations à faire sur les compositions ci-dessus : 1° celles dans lesquelles entrent des métaux, après les mélanges au tamis passés plusieurs fois, doivent être souvent remuées pour que les limailles, de leur nature plus pesantes, ne tombent pas au fond de l'assiette ; 2° dans celles où entre la strontiane, observer ce qui a été dit p. 19 ; 3° quand on emploie de la fonte pilée et non des copeaux fins de tourneurs en métaux pour les feux chinois, on doit proportionner la grosseur du sable de fonte au diamètre intérieur du cartouche : on fait de même pour les imailles des feux brillants ; 4° les préparations dans lesquelles entrent des métaux ne peuvent se garder un temps très-long, car le métal se décompose en contact avec les autres ingrédients. Lorsque les cartouches des jets sont chargés, on s'assure, en sondant avec une petite vrille le trou du dégorgement, que la terre n'a pas couvert intérieurement le trou de la broche, si les cartouches ont été terrés : on y introduit un bout d'étoupille, qu'on laisse déborder d'un centimètre et que l'on assujettit dans le trou au moyen d'une petite cheville de bois, ou bien si le cartouche a été étranglé on coud l'étoupille à la paroi du cartouche. On roule ensuite autour de chaque cartouche une *chemise* de papier collé qu'on laisse dépasser de 4 centimètres, à chaque bout du cartouche. Le bout du cartouche amorcé se nomme la *lumière* et l'autre se nomme la *tête* du jet. Pour faire communiquer les jets fixes ou tournants, on les dispose de manière que la tête du premier regarde la lumière du second et de même successivement. La communication se fait à l'aide d'une étoupille passée dans un porte-feu qu'on lie dans le gobelet de la chemise du cartouche après y avoir versé un peu de *relien*.

*Emploi des jets de Feux fixes.* Avec les jets fixes, l'on compose diverses pièces selon le caprice de l'amateur, figurant des ifs, des palmiers, des soleils fixes, des galeries de feu, des cascades en feux variés, le tout entremêlé de mosaïques, de chandelles romaines, de lances d'illuminations, de pots de feu ; il va sans dire que chaque jet peut se terminer, quand on veut, par une détonation de marrons.

*Des jets de Feux tournants (fig. 16).* Les feux tournants sont des jets fixés à des rouages dont le moyeu, tra-

versé d'un trou, permet à la pièce de tourner dans le sens
vertical ou dans le sens horizontal, sur une broche ou axe
par l'effet du feu qui lui donne l'impulsion. Ces rouages
sont très-faciles à établir, et peu importe comment ils sont
fabriqués, pourvu que le moyeu soit percé droit, et que
l'extrémité de rayons égaux ajustés dans le moyeu soit can-
nelée et percée, ou qu'il y ait un cercle à tamis percé de
trous pour y attacher les cartouches avec de la ficelle ou
du fil de laiton. On met quelquefois des cartouches sur un
ou plusieurs cercles concentriques attachés aux rayons, selon l'effet qu'on veut produire. Les feux tournants dans le
sens vertical s'appellent vulgairement des *soleils*, soleils
tournants. Les feux tournants s'emploient pour former diverses pièces qui peuvent varier encore selon le goût de l'a-
mateur pour faire des *caprices*, des *feux guillochés*, des
*ailes de moulin*, des *girandoles*. On combine souvent des
jets fixes avec des feux tournants, et, par les combinaisons,
l'on obtient des effets magiques divers, surtout à l'aide des
lances d'illuminations, des feux brillants, persans, jasmins,
des feux chinois et des feux de couleur ou autres entremêlés.

Il faut faire un usage modéré des feux brillants qui ne
doivent apparaître dans les feux tournants que lorsqu'un feu
commun a mis le rouage en un mouvement rutilant. Ce
mouvement ne sera pas obtenu si le poteau n'est pas fixé
d'aplomb, si la broche formant l'essieu du rouage n'est pas
enfoncée horizontalement dans le poteau. Lorsque les pièces
mobiles doivent tourner verticalement, leur moyeu percé
d'outre en outre doit être garni de chaque côté d'une plaque
de métal pour éviter le frottement de l'axe sur le bois. Si
elles doivent tourner horizontalement, on attache à la partie supérieure du trou du moyeu, une crapaudine en métal
pour recevoir la pointe du pivot, et à sa partie inférieure
une plaque percée de même, pour éviter le frottement. On
savonne la broche servant d'axe.

### Formation des grandes pièces d'artifice.

L'effet général d'un feu d'artifice dépend de la disposition particulière des pièces simples, pour former des pièces
composées que nous appelons grandes pièces. Cette disposition dépend de l'amateur, selon l'importance qu'il veut don-

ner au feu d'artifice. Parlons d'abord du tir par ordonnance.

TIR PAR ORDONNANCE. — Le tir par ordonnance (V. p. 30) ne s'applique pas seulement aux fusées volantes. On tire ainsi les bombes, les jets de feu appelés gerbes, les chandelles romaines, les mosaïques, les tourbillons et en général tout artifice.

### Galeries de feu.

Les galeries de feu (*fig*. 17) d'un bel effet sont formées de jets ou gerbes en feu chinois, placées sur des tringles et qui partent ensemble. Ce feu se peut terminer par une détonation de marrons. La galerie de feu se place de chaque côté de la décoration.

BATTERIES, GIRANDE, BOUQUET. — On appelle batteries la disposition en ligne droite de pièces qui partent toutes à la fois en jetant des projectiles en l'air. Les batteries des chandelles romaines et des mosaïques se forment aussi sur des tringles où on les attache deux à deux, en croisant ou ne croisant pas les cartouches. On les tire ordinairement près de la décoration et avant de mettre le feu au bouquet. Les batteries de fusées volantes se tirent au moyen de caisses amorcées où elles sont renfermées. Une batterie de nombreuses fusées de divers calibres est une *girande*; une grande girande ou une batterie de girandes est un *bouquet*. On forme des batteries simples ou croisées non-seulement de chandelles romaines, de mosaïques et de fusées volantes, mais encore de bombes, de pots à feu, de météores.

SOLEIL FIXE. — Le soleil fixe (*fig*.18) est formé de tringles d'une longueur de $0^m,25$ à deux mètres, partant, par des angles égaux, d'un centre commun auquel elles sont clouées. On garnit d'une gerbe simple ou double, de feux brillants ou chinois, le bout extérieur de chaque tringle, et on les fait communiquer toutes ensemble par des porte-feu. Selon la disposition des tringles ou leur nombre, on forme un *éventail*, une *étoile*, une *patte-d'oie*. Cette pièce se monte verticalement sur un plateau élevé.

IFS, PALMIERS, CASCADES, PARASOLS. — On dispose des carcasses de bois légers pour préparer ces pièces. Afin de rendre chacun de ces objets par l'effet du feu, on y place des jets fixes dans le chargement desquels on épuise le tableau des feux brillants et de couleurs, les ifs ou palmiers (*fig.* 19) en feu blancs ou brillants persans; les cascades (*fig.* 20) en feux chinois, persans et de pluie magique; les parasols en feux brillants et colorés de tous genres.

SOLEILS TOURNANTS (*fig.* 16). — Ces pièces produisent d'autant plus d'effet que toutes les conditions de succès ont été accomplies par la manutention; l'art consiste à combiner la force motrice avec la magie des feux de toutes sortes. Cette force est d'autant plus puissante que la charge du cartouche contient plus de pulvérin et moins d'autres matières; plus il y a de métaux dans une composition, moins le feu qui en résulte a de force. Les poteaux qui les reçoivent doivent être bien verticaux.

FEU GUILLOCHÉ. — Le Feu guilloché est une pièce formée de deux roues de soleil de pareille grandeur tournant verticalement et à contre-sens sur un même axe. On fait aller souvent ces roues à deux et à quatre feux, ce qui donne sur les deux roues quatre ou huit cartouches qui brûlent à la fois. On les établit à six reprises et on garnit leur centre avec des croissants de lance qui, en tournant, imitent un combat de serpents.

AILES DE MOULIN OU FEU CROISÉ. — Ce sont deux tringles (*fig.* 21) de 1ᵐ,50 à 3 mètres de long qu'on perce dans le milieu d'un trou carré pour recevoir chacune un petit moyeu assez long pour qu'il y ait entre elles de la distance et qu'elles ne se gênent pas en tournant. On les garnit en échelle à chaque bout avec des jets brillants et de manière que les ailes tournent à contre-sens.

CADUCÉE. — L'on attache à chacune des ailes une bande de cerceau en croissant, de chaque côté opposé. Cette bande se garnit de lances d'illumination jointes ensemble par une communication de porte-feu. On les communique avec la seconde reprise des jets. Ces doubles croissants, en tournant, représentent plusieurs figures, notamment un caducée.

GIRANDOLES. — Les girandoles sont des rouages légers montés de feux tournant dans le sens horizontal. Elles doivent aller ordinairement à deux feux, c'est-à-dire brûler simultanément deux cartouches diamétralement opposés les uns aux autres. On leur fait faire le *parasol* en plaçant horizontalement des cartouches de feu bleus et d'autres couleurs, pour

cascades ou de composition chinoise. On leur fait jouer la
*cascade* en plaçant de ces mêmes cartouches verticalement;
le *bouquet de fleurs*, en attachant dessus une demi-dou-
zaine de cartouches chargés de feu de jasmin, de feux persans, de feux de diverses couleurs ; la *pétarade*, en y attachant des chandelles romaines ou des mosaïques simples,
ou un pot à feu garni ; enfin la *gerbe*, en y fixant vers le
centre, des cartouches vides dans lesquelles on enfile des
baguettes de fusées volantes chargées, que l'on fait communiquer avec la tête du dernier cartouche. On peut encore
leur faire imiter la *pluie de feu*, en plaçant en contre-bas
des cartouches étranglés des deux tiers seulement de leur
diamètre intérieur, chargées avec l'une des compositions
suivantes.

*Compositions de la pluie de feu.*

|  |  |  | Feu chinois. |
|---|---|---|---|
| Pulvérin. | . . 32 parties. | | 16 parties. |
| Soufre. | 8 — | | 4 — |
| Salpêtre. | 16 — | | 8 — |
| Charbon de chêne | 5 — | | 2 — |
| Charbon de terre | 5 — | | » — |
| Fonte | » — | | 10 — |

CAPRICE (*fig.* 22). — On appelle caprice un double rouage
horizontal monté sur un tuyau ou étui de bois léger renflé
à ses deux bouts, qui tourne sur un axe vertical. On garnit
la tête et les rais de jets verticaux et horizontaux, inclinés
en divers sens. On les fait tous communiquer; de là résultent
des effets variés qui lui ont fait donner le nom de caprice. —
Si, sur les rais tenus plats, l'on visse des pots à feu qui partent aux reprises des feux tournants, c'est *le caprice pétant*.
Le caprice pétant, vu son poids, doit aller à trois feux, si
l'on veut qu'il tourne bien.

SPIRALE OU VIS SANS FIN. — Si (*fig.* 23), sur un rouage tournant horizontalement, l'on bâtit en bois léger une espèce de
charpente en spirale maintenue verticalement par une tra-
verse, sur l'axe prolongé du rouage, on a la charpente de la
pièce dont nous nous occupons. Le rouage tournant est garni
de jets de feu blanc pour la faire tourner, et la petite charpente
de feux de lances d'illumination qu'on fait communiquer.

DES DÉCORATIONS EN LANCES BLANCHES ET DE COULEURS. —
On construit d'abord en planches légères les sujets de la dé-

coration, chiffre, devise, portique, etc. On garnit ensuite le bâti, en suivant les contours du dessin, de lances d'illumination, blanches ou de couleurs. A cet effet, quand on a piqué de décimètre en décimètre des clous d'épingle sans tête, on y fait entrer les lances qu'on a trempées un peu dans la colle forte, afin qu'elles tiennent au bois; on les fait communiquer ensuite par des porte-feu garnis d'étoupille auxquels on pratique avec des ciseaux de petites ouvertures. Par ces ouvertures, l'on introduit la tête des lances dans les porte-feu que l'on fixe à chaque lance par un papier de soie mouillé d'alcool camphré et gommé. On accompagne assez souvent les décorations de pots de flammes de bengale. La composition se met dans des vases de terre cylindriques. On saupoudre la surface de pulvérin et on amorce avec un porte-feu d'étoupille.

*Composition pour les flammes de Bengale.*

|  | Ordinaire. | Rouge. |
|---|---|---|
| Salpêtre . . . . . | 6 parties. | 10 parties. |
| Soufre . . . . . | 2 — | 13 — |
| Antimoine . . . . | 1 — | » — |
| Charbon . . . . | » — | 1 — |
| Nitrate de strontiane . . | » — | 40 — |
| Sulfure d'antimoine . . | » — | 4 — |

DÉCORATION EN DÉCOUPURES. — Sur un fond noir de fort papier peint à la détrempe, on trace le dessin et on le découpe adroitement. On dresse la décoration sur une petite façade de charpente disposée de manière à recevoir un ou plusieurs soleils tournants que l'on fait jouer par derrière pour éclairer les parties découpées.

DÉCORATIONS EN TRANSPARENT. — On les fait avec des châssis de toile fine et transparente, sur laquelle on peint le sujet en couleurs, à l'essence de térébenthine et au vernis, employés très-clair. On fait une illumination de lances sur des tringles que l'on attache derrière le transparent.

### Exécution des feux d'artifice.

CHOIX DE L'EMPLACEMENT. — Pour tirer un feu d'artifice, si l'on s'engage imprudemment dans un lieu où sont des couvertures de paille, des meules de grains ou de fourrage, il peut en résulter de déplorables incendies. D'un autre côté la chute des baguettes est susceptible de blesser des hommes et des animaux. Il faut donc, en règle générale, choisir un emplacement aussi loin que possible d'amas de matières combustibles. Le lieu choisi, l'artificier s'applique à tenir compte de la direction du vent pour calculer l'angle de la direction de ses feux d'air. Lorsque les fusées volantes et les bombes éclatent au plus haut de leur ascension, l'éruption de leurs garnitures n'a rien de redoutable, car les étoiles, surtout, ne laissent, après leur conflagration, aucun résidu igné. Mais, si malheureusement elles éclataient en plein sur des matières inflammables, elles détermineraient immanquablement un incendie. La bombe en partant du mortier est susceptible de blesser grièvement, il y faut porter feu avec une lance et d'assez loin. Les pots à feu, les serpenteaux, les marrons, les chandelles romaines, les météores, les tourbillons, les gerbes, et les feux tournants ne présentent, par eux-mêmes, aucun danger grave; mais par imprudence toutes ces pièces peuvent causer des brûlures.

DE LA DISPOSITION DES PIÈCES DANS UN FEU D'ARTIFICE.—Les pièces d'artifice doivent être disposées de manière que tous les spectateurs puissent voir non-seulement les feux d'air, mais encore les pièces fixes des feux de terre. C'est pourquoi ces dernières doivent être montées sur des poteaux suffisamment élevés. En général, s'il y a une décoration, elle occupe le centre. Les autres pièces sont disposées suivant le goût de l'ordonnateur artificier.

COMMENT ON PEUT S'ASSURER LE FEU DONT ON A BESOIN.—Pour que le service du feu se fasse bien, on tient allumée une mèche ou corde à feu où l'on prend feu pour les lances de service. Celles-ci s'attachent à un porte-lance au moyen d'un fer semblable à un porte-crayon. Les porte-feu étoupillés de communication soigneusement établis doivent être visités avant le tir, et, en cas d'avaries, être réparés.

### Des Feux d'artifice d'appartement.

Pour terminer ce traité, nous croyons utile d'écrire quelques mots des feux d'artifice dits d'appartement :

Les feux d'artifice d'appartement s'obtiennent en faisant en petit une grande partie de ce qu'on fait en grand. C'est de l'artifice en miniature.

On moule les cartouches sur une baguette de 4 millimètres de diamètre, et l'on n'emploie que de la poudre de chasse qui fait moins de fumée. On peut aussi établir diverses pièces : des chandelles romaines, des mosaïques, des soleils tournants et des gerbes fixes, et ces petits soleils qu'on vend roulés sur une rondelle de bois, de petites toupies roulées sur un fort moule de boutons, puis des pots à feu, pour surprise, de 27 millimètres de diamètre, que l'on charge de bonbons et de devises. Les étoiles des chandelles romaines et des mosaïques se font avec la pâte ordinaire. Les soleils et les gerbes se chargent avec les compositions suivantes passées au plus fin tamis. Sur ce calibre de 4 millimètres on peut même établir avec l'outillage proportionné des fusées volantes qui s'élèvent très-haut.

*Tableau des compositions propres aux Jets d'artifice dit d'appartement.*

| MATIÈRES. | FEU BRILLANT. | JASMIN. | AURORE. | BLANC. | RAYONNANT. | PLUIE D'ARGENT. | CHINOIS. | RONDELLES ET TOUPIES. |
|---|---|---|---|---|---|---|---|---|
| Pulvérin . . . . . . . | 52 p. | 52 p. | 16 p. | 16 p. | 52 | 52 | 48 | 6 p. |
| Salpêtre . . . . . . . | » | 1 | » | 6 | » | 1 | 2 | 1 1/4 |
| Soufre . . . . . . . | » | 1 | » | 1 | » | 1 | 1 | 1 2 |
| Limaille d'acier . . . . | 5 | » | » | » | » | » | » | » |
| Limaille de ressort . . . | » | 5 | » | » | » | » | » | » |
| Limaille d'aiguille . . . | » | » | » | » | 5 | 4 | » | » |
| Poudre d'or . . . . . | » | » | » | » | » | » | » | » |
| Minium . . . . . . . | » | » | » | » | » | » | » | 1 |
| Fonte . . . . . . . | » | » | » | » | » | » | 5 | » |

GILLET-DAMITTE.

(1827) SAINT-CLOUD. — IMPRIMERIE DE M<sup>me</sup> V<sup>e</sup> BELIN.

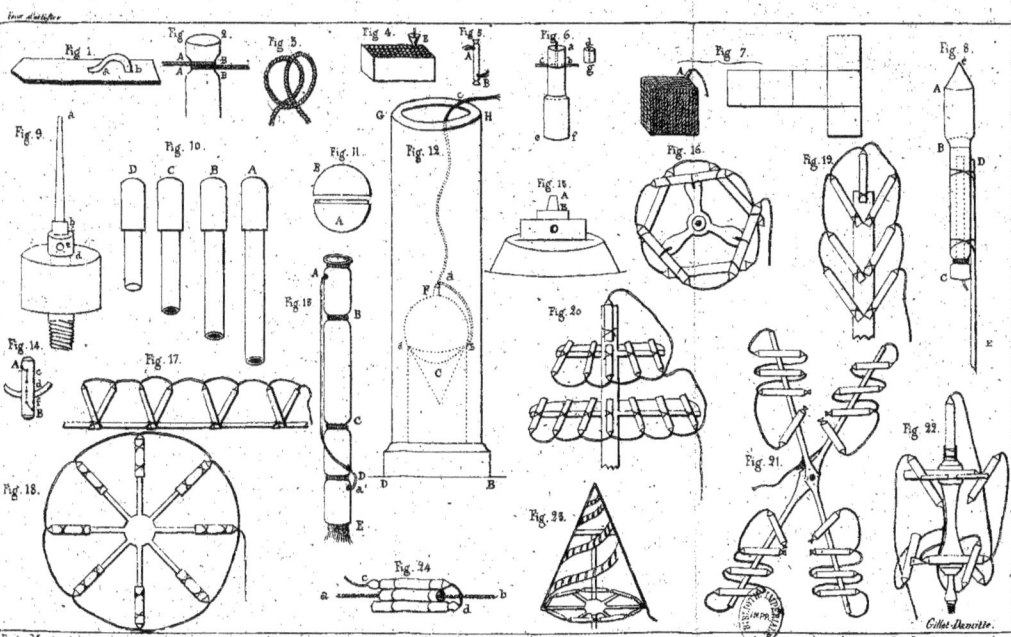

# TABLE DES MATIÈRES.

Typ. CHENU, 21, rue Croix-de-Bois, à Orléans.

www.ingramcontent.com/pod-product-compliance
Lightning Source LLC
Chambersburg PA
CBHW050540210326
41520CB00012B/2655